KB117775

맥주
나를 위한
지식플러스

맥주, 나를 위한 지식 플러스

지은이 심현희
펴낸이 임상진
펴낸곳 (주)넥서스

초판 1쇄 발행 2018년 8월 10일
초판 3쇄 발행 2018년 9월 15일

출판신고 1992년 4월 3일 제311-2002-2호
10880 경기도 파주시 지목로 5 (신촌동)
Tel (02)330-5500 Fax (02)330-5555

ISBN 979-11-6165-452-2 13590

저자와 출판사의 허락 없이 내용의 일부를
인용하거나 발췌하는 것을 금합니다.
저자와의 협의에 따라서 인지는 붙이지 않습니다.

가격은 뒤표지에 있습니다.
잘못 만들어진 책은 구입처에서 바꾸어 드립니다.

이 도서의 국립중앙도서관 출판예정도서목록(CIP)은
서지정보유통지원시스템 홈페이지(http://seoji.nl.go.kr)와
국가자료공동목록시스템(http://www.nl.go.kr/kolisnet)에서 이용하실 수 있습니다.
(CIP제어번호 : CIP2018023112)

www.nexusbook.com

맥덕 기자의 **맥주, 어디까지 마셔봤니?**

넥서스BOOKS

맥주덕후의 맥주 책

살다가 맥주 책까지 쓰게 될 줄은 몰랐습니다.

2006년 10월, 대학생이었던 저는 영어를 배우기 위해 아일랜드로 떠났습니다. 당시 아일랜드는 타 영어권 국가에 비해 한국인이 비교적 적었고, 학생비자로 체류하면 합법적으로 아르바이트를 할 수 있다는 점이 끌렸습니다. 맥주? 당연히 선택의 기준에 들지도 못했죠. 그때만 해도 저는 소맥 말아먹다가 다음 날 수업에 가지 못해 울면서 계절 학기를 다녔던 학생이었으니까요.

공항에서 눈물 흘리며 가족과 작별 인사를 나누던 그날의 기억이 또렷합니다. 비행기 안에서 한참을 훌쩍이던 저는 굳게 결심합니다. "반드시 영어를 정복하고 돌아오겠다"고요. 처음 자리를 잡은 곳은 아일랜드 서부해안 인근 카운티 클레어(Co.Clare)의 에니스(Ennis)라는 작은 마을이었습니다. 시내를 다 둘러보는 데 걸어서 30분도 걸리지 않는 시골이었죠. 돌아다니는 사람도 드물었지만, 이 가운데 동양인은 거의 없었습니다. 날씨는 우중충했고요. 외롭더군요.

친구를 사귀고 싶었습니다. 하루는 큰맘 먹고 마을 사교댄스클럽에 갔는데 오글거려서 도저히 따라할 수가 없었습니다. 얼마 안 돼 그 자리를 뛰쳐나왔고 눈에 보이는 펍 아무곳에 들어가 바(Bar) 석에 앉았습니다. 문득 어학원에서 선생님이 했던 말이 생각났습니다. "펍에서 맥주를 주문할 때 많이 마시고 싶으면 파인트, 적게 마시고 싶으면 글라스로 달라고 하세요."

"Can I have a pint of beer?"

이름도 기억나지 않는 펍에서 스타우트 한 모금을 처음 넘겼던 순간, 결의를 다졌던 영어공부에 대한 열정은 먼지처럼 사라졌습니다. 맥주가 미친 듯이 맛있었기 때문입니다. 거품은 소프트아이스크림처럼 부드러웠고 신기하게 커피와 초콜릿 맛도 났습니다.

맥주가 이렇게 맛있는 술이라는 것을 깨달은 충격 때문이었을까요? 그날 혼자 파인트 여덟 잔을 마시고도 멀쩡하게 자전거를 타고 돌아갔던 기억이 납니다. 이후 제 생활은, 상상이 가시죠. 수업 끝나고 맥주 마시고, 아르바이트를 마친 뒤 밤마다 펍에 출근 도장 찍고, 아껴둔 생활비와 집에서 보내주는 용돈과 남는 시간 모두(!) 맥주 마시느라 탕진했습니다. 영어는 안드로메다로… 인생이 다 그런 거 아니겠어요?

"맥주를 정말 좋아하는구나"를 넘어 "미쳤구나" 하는 소리까지 들었지만, 맥주를 좋아하는 분이라면 저의 경험담에 공감할 겁니다. 어떤 맥주를 마시면 또 다른 스타일의 마셔봐야 할 맥주가 생기고, 각각의 특징을 구분하다가, 왜 그런 맥주가 만들어졌는지 찾다보면 시간 가는 줄을 모릅니다. 세상에는 수없이 다양한 종류의 맥주와 말로 표현할 수 없을 정도로 감동을 주는 맥주가 무척이나 많기 때문입니다.

와인이 자연의 영향을 많이 받는 술이라면, 맥주는 사람이 구현할 수 있는, 가장 다채로운 맛을 낼 수 있는 술입니다. 한 잔의 맥주를 마시는 일은 맥주를 만든 사람과 그 맥주를 마시는 사람들과 그 맥주가 탄생한 시대에 대한 탐험인 셈입니다. 이것이 바로 맥주를 마시고 좋아하는 일이 멋진 취미라고 생각하는 이유입니다.

YOUNG'S
BLONDE
BOLDLY BLONDE
INTENSELY FRAGRANT
SPICY & FRUITY
YOUNG'S
BITTER
VERY PALE ALE
LAZARUS
TRUMAN'S

ESTD
1759
GUINNESS

최근 우리나라에서도 크래프트맥주 열풍이 불면서 이제 맥주는 거스를 수 없는 '대세'가 되었습니다. 이 책은 독자분들이 맥주를 더 맛있게 마실 수 있도록 도와드리기 위해 썼습니다. 알고 마시면 훨씬 더 맛있으니까요. 맥주에 대한 기초적인 지식부터 특정 맥주에 얽힌 비하인드 스토리를 더했습니다. 추천 맥주는 읽으면서 마실 수 있도록 국내 마트나 펍 등에서 쉽게 구할 수 있는 것으로 정했습니다. ('맥덕기자'는 저의 별칭입니다)

짧지 않은 시간 맥주를 좋아해왔고, 맥주 취재를 하면서 맥주를 더 많이 알게 됐다고 생각하기도 했습니다. 하지만 책을 쓰면서 저의 부족한 점을 돌아보게 되었지요. 덕분에 겸손한 마음으로 공부하면서, 처음 맥주와 사랑에 빠졌던 12년 전으로 돌아가 맥주를 대할 수 있게 되었습니다.

Can I have a pint of beer?

자, 이제 맥주 한 잔 옆에 놓고, 책을 펼쳐보세요.
다양하고 짜릿한 맥주의 세계가 기다리고 있습니다.

고마운 분들..
늘 응원해주고 편들어주는 가족, 친구들을 비롯한 내 사람들.
곁에 있어줘서 고마워요. 사랑합니다.
밥 잘 사주는 (예쁜) 회사 선배님들. 제가 잘할게요….
최상의 맥주를 위해 최선을 다하는 업계 관계자분들, 화이팅입니다.
제 맥주 기사를 기다려주시는 독자분들,
책 멋지게 만들어주신 넥서스 관계자 분들께도 감사의 마음을 전합니다.
이 책을 세상에서 가장 소중한 김나현 씨에게 바칩니다.

맥주는 어떻게 만들어질까

마시는 빵의 탄생

스타일별 맥주 : 라거와 에일

세계 맥주 이야기

맥주 더 맛있게 즐기기

부록

PART 1 맥주는 어떻게 만들어질까

맥주의 맛을 결정하는 4대 기본 재료

맥주의 4대 기본 재료 : 물, 맥아, 효모, 홉

맥주에는 기본적으로 물, 맥아, 효모, 홉 등 4가지 재료가 들어간다. 500여 년 전 독일에서는 맥주를 만들 때 이 4가지 원료만 쓰도록 규정하는 '맥주 순수령'을 공포하기도 했으나 맥주 순수령은 독일 내에서 국한되는 규정일 뿐, 그 외의 재료를 넣는다고 해서 맥주에서 벗어나는 것은 아니다. 독일의 이웃국가인 벨기에에서는 오래전부터 다양한 부재료를 활용하여 맥주를 만들어왔으며, 미국의 크래프트맥주 회사들도 과일이나 기타 곡물, 초콜릿, 커피 등의 부재료를 사용해 새로운 맥주 스타일을 창조했다.
먼저 4가지 핵심 재료에 대해 자세히 알아보도록 하자.

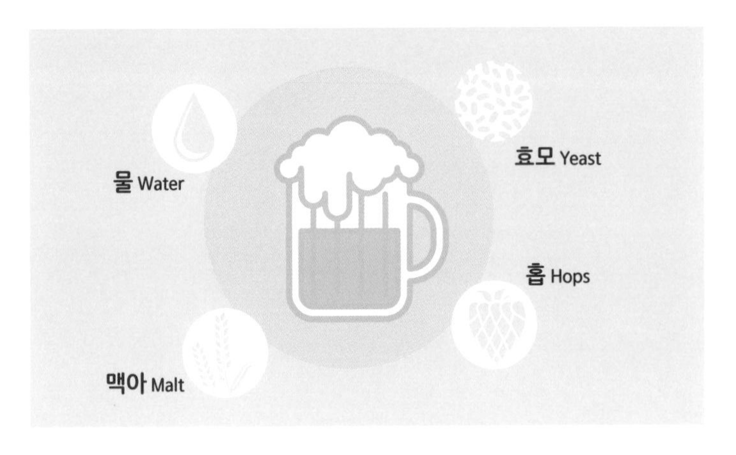

물 Water

맥주의 품질을 결정하는 기본 재료

물은 음료인 맥주의 대부분을 차지하는 요소다. 깨끗한 물을 사용하는 것은 양조에서 가장 중요한 기본이다. 홈브루잉(자가양조)을 할 때는 주로 쉽게 구할 수 있는 생수를 사용하지만, 맥주 양조에 적합한 물은 따로 있으며 맥주 스타일마다 양조에 쓰이는 물도 다르다. 칼슘과 마그네슘 같은 미네랄 성분이 풍부한 경수는 포터나 스타우트를 비롯한 짙은 색 맥주 제조에 적합하고, 미네랄 성분이 적은 연수는 필스너, 페일 라거 등 밝은 색 맥주에 알맞다.

유명한 흑맥주인 '기네스'의 고향, 아일랜드 더블린은 경수가 나는 지역이고 황금색 라거, '필스너'가 태어난 체코 필젠에는 연수가 풍부하다. 특정 지역의 물 특성에 따라 이에 맞는 맥주 스타일이 발전한 것이다. 오늘날 맥주회사들은 각각의 맥주 스타일에 맞는 물을 가공해서 사용한다.

• **물의 종류**

경수

칼슘과 마그네슘 같은 미네랄 성분이 풍부
색이 짙은 맥주를 만들 때 적합하다.

연수

미네랄 성분이 적다.
밝은 색 맥주를 만들 때 알맞다.

Stout

Pilsner

Lager

맥아(몰트) malt

맥주의 맛과 색, 향을 결정하는 주원료

맥주(麥酒)는 보리로 만든 술이라는 뜻이다. 맥주를 만들 때 스타일에 따라 보리 외에도 밀, 호밀, 귀리, 옥수수, 쌀 등 기타 곡물을 사용하기도 하지만 기타 곡물이 들어가는 맥주에도 기본적으로 보리 맥아를 일정량 섞기 때문에 보리는 맥주의 필수 곡물이다.

맥주를 만들 때 쓰는 보리는 따로 있다. 술로 발효가 되기 위해서는 충분한 당분이 있어야 하는데 일반 보리는 전분 상태이기 때문에 적합하지 않다. 이 보리의 전분을 당분으로 바꾸기 위해서는 보리 낟알을 물에 담가 놓은 뒤 싹을 틔우고, 발아 진행을 멈추기 위해 이를 건조시키는 과정을 거친다. 이를 맥아, 영어로 몰트(malt)라고 부른다. 맥아는 양조에 적합한 상태가 된 보리라는 뜻이다.

맥주에서 맥아는 맥주의 풍미와 색깔을 좌우한다. 풍미와 색깔은 맥아를 건조한 뒤 가하는 열의 세기에 따라 달라진다. 약하게 구워진 맥아는 밝은 색을 띠고, 강한 불에 오래 구운 맥아일수록 짙은 색으로 변한다. 빵을 구울 때를 떠올려 보면 쉽게 이해할 수 있을 것이다. 맥주를 컵에 따라 마시면 맥주 스타일마다 색깔이 다르다는 것을 쉽게 알 수 있는데, 이는 전적으로 맥아 때문이다. 맥아에 대해 알고 있다면 맛을 보지 않고도 대략 맥주 맛을 연상할 수 있다. 밝은 색깔이 나는 맥주는 저온에서 구운 밝은 맥아로 만들어진 것이다. 필스너 맥아, 페일 에일 맥아 등이 여기에 속하며 아주 가벼운 곡물, 시리얼 맛이 난다. 반대로 맥주 색깔이 짙어질수록 고온에서 구운 맥아를 사용한 것이다. 초콜릿 맥아 등이 들어간 짙은 색 맥주들은 밝은 맥주에 비해 바디감이 무겁고, 캐러멜, 커피, 초콜릿 등의 풍미를 느낄 수 있다.

맥주를 양조할 때는 여러 종류의 맥아를 골고루 섞는다. 밝은 색깔의 맥아는 기본 맥아(베이스 몰트, Base malt)에 속한다. 기본 맥아는 양조 시 당을 알코올로 바꾸기 때문에 꼭

들어간다. 여기에 특정 색깔을 띠는 특수 맥아(스페셜 몰트, Special malt)를 섞어 맥주 스타일을 완성한다. 기본 맥아 80%에 특수 맥아 20%로 조합하는 것이 일반적이다.

• **맥아별 특징**

필스너 맥아	페일 에일 맥아	뮌헨 맥아	크리스털 맥아	초콜릿 맥아
가벼운 비스킷 맛	토스트, 시리얼 맛	붉은 색, 견과류 맛	달콤한 캐러멜 맛	커피, 다크초콜릿, 탄 맛

• **맥아의 구운 정도에 따라 달라지는 맥주의 색깔**

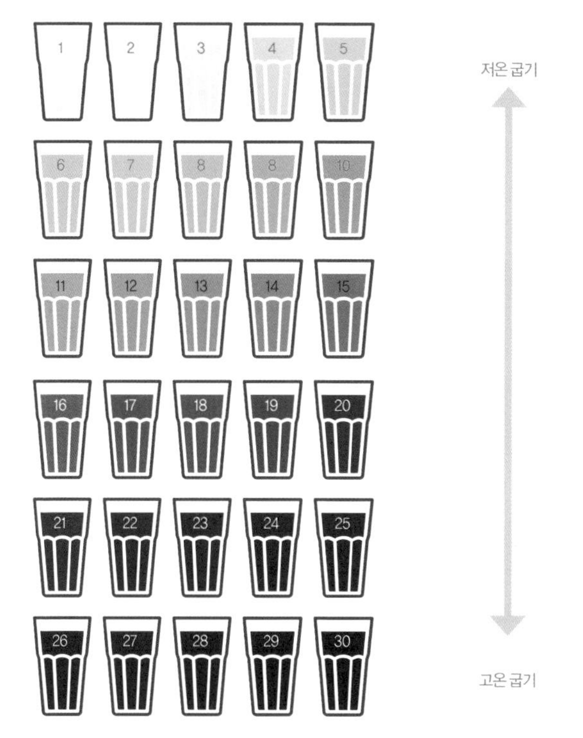

맥주 색깔은 '숫자'로 표현되기도 한다. 그림은 미국에서 보편적으로 쓰이는 맥주 색깔의 단위인 SRM (Standard Reference Method)를 나타낸 것이다. 1이 가장 밝고 30이 가장 어둡다. 숫자가 클수록 색이 진한 것을 의미한다.

홉 Hop

맥주 만드는 데 없어서는 안 될 맛과 향의 재료

홉은 뽕나무과에 속하는 다년생 덩굴 식물의 꽃이다. 맥주에서 홉의 역할은 열대과일, 풀향 등 다채로운 아로마와 더불어 쌉싸름한 맛을 내는 것이다. 맥주가 요리라면 홉은 '양념'이라고 생각하면 된다. 홉에는 맥주의 보존을 돕는 성분이 들어 있어 일종의 방부제 역할도 한다.

최근 크래프트맥주 열풍이 불면서 홉은 맥주의 원료 가운데 가장 주목 받는 재료로 거듭났다. 크래프트맥주 인기를 주도한 맥주 스타일이 인디아 페일 에일(India Pale Ale, IPA)이기 때문이다. IPA는 홉이 듬뿍 들어가 강렬한 홉의 향미를 지닌 맥주로, 맥주의 맛이 홉의 의해 좌우되며 홉이 맥주 맛을 지배한다. IPA 스타일이 전 세계에 알려지면서 미국식 크래프트맥주도 엄청난 인기를 얻게 됐다. 자연스레 홉 역시 맥주 덕후들의 열렬한 지지를 받으며 유명세를 떨쳤다.

홉의 매력은 산지와 품종 별로 각기 다른 특성을 지닌다는 점이다. 커피 원두와 비슷하다. 홉의 종류에 따라 내뿜는 향미(아로마)에 차이가 있어 양조를 할 때에는 해당 스타일에 적합한 홉을 넣어야 한다. 따라서 어떤 홉 품종을 사용하느냐에 따라 지역의 맥주를 규정하는 하나의 기준이 되기도 한다. 예를 들어, 미국산 홉은 특유의 자몽향과 꽃내음, 강렬한 쓴맛이 두드러지며 영국산 홉은 은은한 흙, 풀 내음을 내뿜는다. 이 때문에 같은 IPA 스타일이어도 미국식 IPA와 영국식 IPA의 특징에는 상당한 차이가 있다.

홉의 단점은 금방 시들어 제 기능을 잃는다는 것이다. 음식에 비유하면, '생선회'처럼 신선도가 생명이다. 하지만 모든 맥주에 갓 수확한 홉을 넣을 수는 없는 노릇이다. 모든 양조장이 홉 농장 인근에 있는 것도 아니고, 홉을 수확하는 가을철에만 양조가 이루어지는 것도 아니기 때문이다. 이런 특성 탓에 보통 홉은 따자마자 가루로 만들어 냉동고에 얼려서 보관한다. 이를 '펠릿'(pellets, 알갱이)이라고 부르는데, 우리가 마시는 대부분의 맥주에는 펠릿 형태의 홉이 들어간다. 특히 우리나라처럼 홉 농장이 드문 곳에서 양조를 하려면 미국, 유럽 등에서 수입한 펠릿 홉에 크게 의존할 수밖에 없다.

얼려서 보관하는 펠릿(pellets)과
신선한 생홉(wet hop)

가을이 되면 미국의 주요 홉 생산지인 오리건주 양조장에서는 펠릿 형태가 아닌, 신선한 생홉(웻홉, wet hop)을 가득 넣은 맥주를 출시하기도 한다. 생홉이 들어가지 않았다고 해서 맥주 맛이 현저히 떨어지는 것은 아니지만, 갓 딴 홉의 신선함과 깊은 아로마를 따라올 수는 없다. 한국의 핸드앤몰트 양조장도 가을마다 생홉이 들어간 IPA를 출시한다.

Beer
Plus

다채로운 홉의 세계

산지별로 천차만별의 개성을 갖고 있는 홉은 국가별로 나누었을 때 고유의 특징을 쉽게 구분할 수 있다. 예를 들어 미국 홉은 강한 과일향을 내뿜고, 영국 홉은 흙내음이나 꽃향 등의 은은한 아로마가 특징이다. 똑같은 스타일의 맥주여도 지역별로 맥주 맛에 차이가 있는 것도 해당 국가에서 잘 자라고, 더 맛있는 홉의 종류가 다르기 때문이다. 크래프트맥주 병이나 캔에는 해당 맥주 양조에 사용된 홉의 품종이 기록돼 있다. 홉에 대한 이해가 있다면, 맥아와 마찬가지로 맥주를 마시기 전 맛을 가늠해볼 수 있다.

지역별 홉 종류

미국 홉

- 아마릴로 : 복숭아, 살구, 오렌지, 자몽
- 캐스케이드 : 자몽, 꽃
- 센테니얼 : 오렌지, 꽃, 소나무
- 심코 : 자몽, 송진, 오렌지껍질
- 시트라 : 망고, 열대과일, 시트러스(감귤류 과일)

영국 홉

- 푸글 : 흙, 나무, 꽃
- 골딩 : 꽃, 후추, 흙

유럽 홉

- 사츠(체코) : 풀, 꽃, 시트러스
- 할러타우(독일) : 풀, 후추, 꽃, 허브흙

일본 홉

- 소라치 에이스 : 레몬그라스, 풍선껌

기타

- 넬슨소빈(뉴질랜드) : 포도, 망고, 열대과일
- 갤럭시(호주) : 망고, 파인애플, 열대과일, 시트러스

효모(이스트) Yeast

알코올과 탄산을 만들어내는 재료

효모의 활동으로 부글부글 발효되고 있는 맥주

맥주가 '술'이 되기 위해서는 효모가 반드시 필요하다. 효모는 보리에서 나오는 '당'을 먹고 알코올과 이산화탄소를 배출하는 중대한 역할을 맡고 있다. 효모가 없다면 맥주는 '보리 음료'에 지나지 않을 것이다. 맥아와 홉에 비해 맛에 끼치는 영향이 적다고 생각할 수 있겠지만 효모의 종류는 매우 다양해서 어떤 효모를 쓰느냐에 따라 맥주의 스타일이 좌우된다. 맛에는 별다른 영향을 끼치지 않는 효모가 있는가 하면, 어떤 효모는 시큼하고 쿰쿰한 맛 혹은 달콤한 향을 내뿜기도 한다. 양조사들은 맥주를 만들 때 맥아, 홉과 마찬가지로 효모 또한 맥주 스타일에 적합한 것을 골라 사용한다.

효모의 아버지 안톤 판 레벤후크

효모는 공기 중에 떠다니는 미생물이다. 지구 도처에 효모가 활동하지 않는 곳은 없기 때문에 인류는 아주 오래전부터 맥주를 만들어 마실 수 있었다. 그러나 인간이 효모의 존재를 알게 된 건 맥주의 긴 역사에 비해 가까운 과거다. 효모를 처음으로 관찰하고 분리·배양한 사람은 1680년 네덜란드의 현미경 발명자 안톤 반 레벤후크(Leeuwenhoek)다. 이전까지 인류는 곡물 액체가 시간이 흘러 술이 되는 것이 자연의 신비라고 생

맥주효모의 대부 루이 파스퇴르

각했었다. 그러다 루이 파스퇴르(Louis Pasteur)가 1876년에 맥주가 발효되는 과정에서 큰 역할을 하는 미생물이 있다는 논문을 발표하면서 맥주 양조 산업은 비약적으로 발전하기 시작했다. 맥주 양조에 적합한 효모를 본격적으로 배양하고 사용하면서 지역별·스타일별 효모가 체계적으로 분류되고 유통될 수 있었다. 현재 세상에는 1500여 종의 효모가 알려져 있으며 이 가운데 맥주 양조에 적합한 효모를 엄선해 사용한다.

Beer Plus

독특한 효모 맥주_수염 맥주

미국 오리건주 포틀랜드의 '로그'(Rogue) 양조장은 수염 맥주(Beard Beer)라는 독특한 맥주를 만들어 판매한다. 수염을 기른 남성이 그려진 라벨이 이 맥주의 정체성을 잘 표현한다.

라벨의 주인공은 양조장 브루마스터(책임양조사)인 존 마이어다. 1978년 이후 단 한 차례도 수염을 깎지 않았다는 마이어는 맥주를 제조할 때 자신의 턱수염에서 추출한 효모를 사용했다. 수염을 상상하며 맥주 맛을 연상하면 끔찍할 것 같지만, 수염 맥주의 맛은 의외로 훌륭하다. 사과, 배 등의 과일향과 달콤한 몰트 맛, 효모에서 오는 펑키함이 잘 조화된 아메리칸 와일드 에일이다. 2013년 출시 당시 큰 주목을 받았다.

맥주에 맛을 더하는 다양한 부재료

맥주의 부재료는 맥주에 개성을 더해주는 역할을 한다. 특히 크래프트맥주 열풍 이후 양조사들에게는 어떤 부재료를 어떻게 써서 기존 장르를 변주하고, 새로운 맥주를 만들어 낼 수 있을까 하는 것이 중요한 고민거리다.

부재료는 해당 양조장의 창의성과 완성도를 가늠해 볼 수 있는 요소이기도 하다. 맥주에 적합한 부재료의 정확한 기준은 없지만, 오늘날 양조사들이 사랑하는 몇 가지 부재료를 소개한다.

호밀

보리와 밀 외에 양조사들이 사랑하는 기타 곡물이 호밀(라이, Rye)이다. 특히 다양한 부재료를 허용하고 새로운 맥주를 창안하는 분위기가 짙은 크래프트맥주계에서 호밀이 많이 쓰인다. 호밀이 맥주에 들어가면 맥주를 넘길 때 부드러움이 더해지고, 알싸한 느낌의 쓴맛이 강해진다. 호밀은 페일 에일, IPA, 스타우트, 세종(Saison) 등 스타일과 상관없이 다양한 스타일에 들어갈 수 있다.

옥수수, 쌀

대기업이 생산하는 라거 맥주에 주로 쓰이는 부가 곡물이다. 옥수수나 쌀이 들어가면 보리 100% 맥주보다 쓴맛이 덜하고 부드러워진다. 주로 미국식 대량 생산 라거나 쌀을 주식으로 하는 아시아 국가의 라거 맥주에 많이 쓰인다.

커피, 초콜릿

스타우트나 포터를 만들 때 해당 스타일에서 나는 커피나 초콜릿의 뉘앙스를 좀 더 강조하기 위해 실제로 신선하게 로스팅한 커피나 다크초콜릿을 듬뿍 사용하기도 한다. 스타우트를 좀 더 달콤하게 만들기 위해 '유당'를 넣기도 하는데 이를 '밀크 스타우트'라고 부른다.

과일

미국식 사우어 맥주와 벨기에 전통 맥주인 람빅, 괴즈 스타일 등에 많이 들어간다. 포도, 체리, 복숭아, 살구 등 다양한 과일을 넣어 오크통에 숙성시킨다.

맥주 제조과정

맥주를 만드는 과정은 크게 6단계로 구분된다. 아무리 복잡한 레시피가 요구되는 맥주라고 해도 맥주는 **❶제맥 ➡ ❷담금 ➡ ❸발효 ➡ ❹숙성 ➡ ❺여과 ➡ ❻포장** 단계를 거쳐 탄생한다. 보통 에일 맥주가 라거 맥주보다 발효, 숙성 시간이 더 짧다.

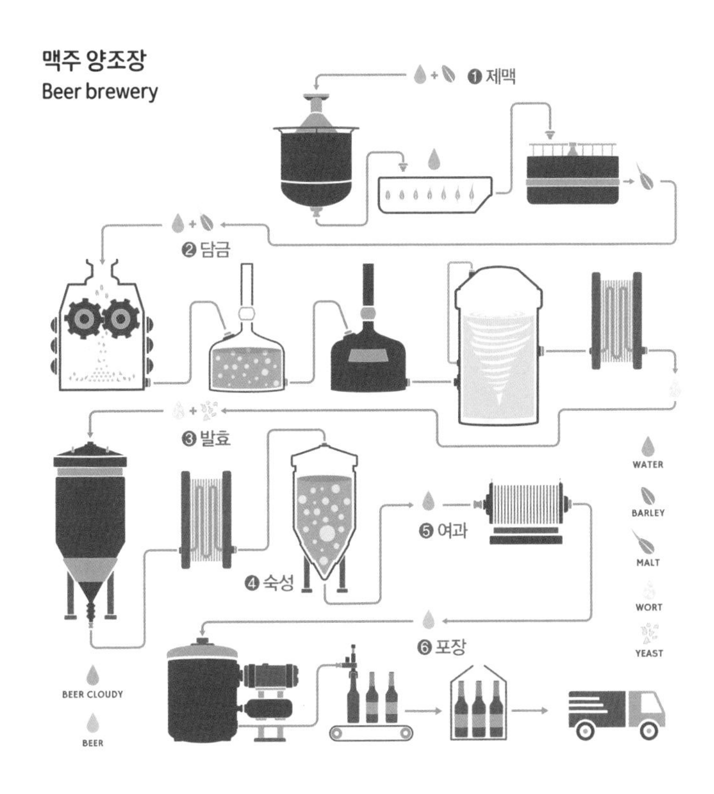

제맥 preparation of malt

보리를 맥주 원료에 적합한 상태인 맥아(몰트)로 만드는 과정을 뜻한다.

담금 wort boiling

맥아즙을 만드는 과정이다. 맥아를 분쇄한 뒤 뜨거운 물과 섞는다. 이후 이 걸쭉한 물에서 찌꺼기를 제거하면 맥아즙(워트, wort)이 완성된다. 순수한 설탕물인 맥아즙에 향과 맛을 더해주는 홉을 넣고 한 번 더 끓인 뒤 효모가 활동하기 좋은 온도로 식힌다. 이후 효모를 투입한다.

발효 fermentation

설탕물이 술이 되는 과정이다. 투입된 효모가 당을 먹고 알코올과 이산화탄소를 뱉는다.

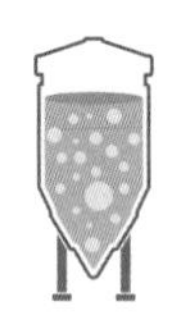

숙성 aging

발효를 통해 비로소 술로 거듭난 맥주는 숙성과정을 거치면서 불쾌한 향이 사라지고 맛이 깔끔하게 정리된다.

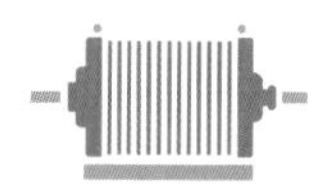

여과 filtration

효모 찌꺼기를 걸러내는 과정이다. 효모가 살아있으면 맥주 맛이 계속 변하기 때문에 여과과정을 거친다. 하지만 맥주 스타일에 따라 여과를 하지 않는 맥주도 많다.

포장 bottling

완성된 맥주를 병이나 캔, 케그(Keg, 생맥주를 담는 통) 등에 담는 과정이다. 보통 병이나 캔에 담긴 맥주의 유통기한은 1년이고, 케그에 담긴 생맥주의 유통기한은 6개월인데 이는 여과(필터링, filtering)의 차이 때문이다. 병입·캔입한 맥주는 효모를 완전히 제거해 출시하기 때문에 오랜 시간 맥주 맛이 변하지 않는다. 하지만 생맥주에는 효모가 살아있어 병이나 캔보다 신선하게 마실 수 있지만 맛이 빠르게 변질되기 때문에 유통기한이 짧다.

알고 나면 보인다!
핵심 맥주 용어

알고 나면 눈에 보이는 몇 가지 맥주 용어들을 익혀 두자. 맥주를 구입하거나 마실 때 해당 맥주에 대해 더욱 빠르고 쉽게 이해할 수 있게 될 것이다.

IBU International Bittering Units

국제 쓴맛 수치(International Bittering Units)의 줄임말로, 맥주의 쓴맛을 측정하는 단위다. 유럽에서는 'EBU'(European Bittering Units)라고 부르기도 한다. 높은 숫자는 해당 맥주가 쓴맛이 강하다는 것을 나타낸다. 예를 들어 홉의 쓴맛이 거의 없는 가벼운 페일 라거 맥주는 IBU가 10 정도이고, 양조 시 홉이 많이 들어가는 IPA는 50~100까지 올라간다.

ABU

ABU는 알코올 도수를 뜻한다. 일반적으로 맥주의 알코올 도수는 4~5%로 알려져 있지만, 맥주 스타일마다 알코올 도수는 다르다. 겨울철에 마시는 복(Bock)이나 발리 와인, 임페리얼 스타우트 같은 묵직한 맥주들은 ABU가 10%에 달하며, 10%를 넘기도 한다.

드라이 호핑 Dry hopping

드라이 호핑은 맥주에 더욱 강한 아로마를 불어넣기 위해 맥주 양조과정에서 발효 후에 홉을 한 번 더 첨가하는 과정을 말한다. 홉 캐릭터가 강한 맥주를 좋아한다면 드라이 호핑된 맥주를 찾아서 마셔보자.

브루펍 Brewpub

브루펍은 브루어리(Brewary)와 펍(Pub)의 합성어로, 매장에서 맥주를 직접 만들어 파는 맥줏집을 뜻한다. 2000년대 초반 한국에서 유행이었던 '하우스맥주' 집을 연상하면 쉽다. 물론 브루어리 견학을 하면 브루어리에 딸린 작은 펍에서 맥주를 즐길 수 있지만, 보통 브루어리는 시내 중심가에서 멀리 떨어져 있을 뿐만 아니라 맥주와 함께 음식을 즐길 수 있는 환경이 아니다. 브루펍은 브루어리와 펍의 장점이 결합된 형태의 가게다. 매장에서 만든 신선한 맥주를 마시면서 레스토랑 못지않은 음식 메뉴를 갖추고 있기 때문에, 맥주와 함께 만족스러운 식사를 즐길 수 있다.

위탁양조 Contract brewing

맥주업체가 다른 브루어리에 맥주를 위탁 생산하는 것을 '위탁양조'라고 부른다. 보통 위탁 생산을 주문한 업체가 원하는 맥주 스타일과 레시피를 생산 업체에 주문하고, 주문받은 업체는 레시피에 따른 양조에만 집중한다. 한국에서도 위탁양조 방식으로 많은 크래프트맥주들이 생산되고 있는데, 위탁양조를 하는 맥주업체는 브루어리 시설이 없는 개인이 될 수도, 브루어리를 가진 맥주회사가 될 수도 있다. 후자의 경우 자사의 시설 규모가 작아 주문량을 모두 소화할 수 없을 때 더 큰 규모의 브루어리에 위탁

양조를 맡긴 뒤 자사의 브랜드를 달아 판매한다.

컬래버레이션 맥주 Collaboration beer

브루어리와 브루어리가 협업해 만드는 맥주를 말한다. 줄여서 '콜라보(컬래버) 맥주'라고도 부른다. 특히 크래프트맥주 업계에서는 유명 양조장끼리 '콜라보 맥주'를 생산해 맥덕들의 관심의 대상이 되는 일이 잦다. 콜라보 맥주는 일회성 이벤트로 해당 맥주가 지속적으로 생산되지는 않는다. 콜라보 맥주를 만드는 이유는 이벤트 목적도 있지만 양조사와 양조사들이 서로 협업하면서 각 브루어리(brewery, 양조장)가 가진 노하우나 개성들을 교류하면서 양조 기술을 발전시키기 위한 목적도 크다.

싱글 홉 맥주 Single hop beer

맥주에는 보통 3~5가지 홉이 들어가는데, 한 가지 홉만 사용해 만든 맥주를 뜻한다. 싱글 홉 맥주를 마시면 해당 맥주에 들어간 단일 홉의 풍미와 특성을 잘 이해할 수 있게 된다.

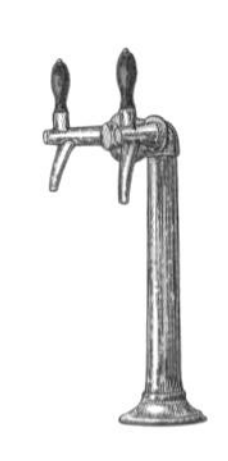

비어탭 Beer Tap

생맥주를 따르는 꼭지를 이르는 말로 맥주를 따르고 양을 조절하는 역할을 한다. 생맥주를 파는 펍에 가면 종류별로 다른 탭 핸들이 벽에 걸려 있는 것을 볼 수 있다.

세션 맥주 Session beer

맥주 스타일 고유의 개성을 살리되, 편하게 마실 수 있도록 알코올 도수를 낮춘 맥주를 일컫는다. 예를 들어 세션 IPA는 IPA 스타일 맥주의 특징인 강한 홉의 향미는 그대로 살리면서 6%가 넘는 알코올 도수를 4~5% 이하로 낮춘 맥주를 의미한다.

이취 Off flavor

맥주에 나서는 안 되는 맛으로 양조과정에서 맥주가 오염되거나 보관을 잘못했을 때 생긴다.

기타 맥주 용어

- **아로마** 맥주에서 나는 향
- **몰티하다, 몰트 느낌** 맥주 원료인 '몰트'에서 오는 맛이 강할 때 쓰는 표현
- **알코올 부즈** 알코올 특유의 느낌, 혹은 도수에 비해 알코올이 강하게 느껴질 때 '알코올 부즈'가 있다고 표현
- **바디감** 입안에서 느끼는 액체의 묵직한 무게감
- **마우스필(mouthfeel)** 입에 닿는 느낌 예) 마우스필이 부드럽다, 거칠다.
- **SRM** 맥주의 색 정도를 나타내는 기준
- **EBC** 유럽에서는 SRM 값의 2배인 EBC(European brewing convention) 사용
- **트라피스트 맥주(Trappist Beer)** 1098년 프랑스 시토에서 출범한 가톨릭 관상(觀想) 수도회인 트라피스트 수도회에서 만들어진 맥주
- **람빅(Lambic)** 자연적으로 상면발효하는 맥주, 에일의 하위 분류
- **브루마스터** 책임양조사
- **캐스크(Cask)** 저장용 나무통
- **케그(Keg)** 저장용 알루미늄 맥주통

PART 2 마시는 빵의 탄생

인류 최초의 술, 맥주

9000년 전의 맥주와 만나다

2009년, 미국 동부 델라웨어주 밀턴의 유명 크래프트맥주 양조장 '도그피시'(Dogfish)는 아주 독특한 맥주를 세상에 내놓아 주목을 받았다. 맥주 이름은 '샤토 지아후'(Chateau JIAHU), 샤토(Chateau)는 프랑스어로, 프랑스 고급 와인산지인 보르도 지방에서 와인을 제조하는 와이너리 이름에 붙는 명칭이며, 지아후는 중국 허난성 황하 유역의 신석기 유적지로 알려진 곳이다. 즉 해석하면, 지아후 지역에서 만든 맥주라는 뜻이다.

도그피시 양조장의 샤토 지아후 맥주 라벨

도그피시 양조장의 샤토 지아후 맥주

샤토 지아후는 기원전 7000년 지아후에서 만들어졌을 것으로 추정되는 맥주를 현대식으로 재현한 맥주다. 보리가 아닌 쌀을 베이스로, 과일과 꿀을 넣어 달콤한 맛이 두드러지는 것이 특징이다.

2000년대 중반 생체분자고고학자인 패트릭 맥가번(Patrik Macgovern) 펜실베니아 대학 교수는 지아후의 유물 출토지역에서 발굴된 토기로부터 세계에서 가장 오래된 양조 흔적을 발견했다. 연구 결과, 맥가번 교수는 고대 중국인들이 야생에 돌아다니는 쌀을 주워 입에 넣고 씹어서 잘게 부순 후 뱉은 다음, 여기에 꿀과 열매를 넣어 자연적으로 발효된 액체를 마셨을 것이라고 추측하게 됐다. 이후 해당 맥주를 손수 만들어본 맥가번 교수는 도그피시 양조장에 고대 맥주의 레시피를 알려주면서 대량 생산을 의뢰했다.

실험정신이 투철한 도그피시의 양조사들은 이를 흔쾌히 수락했고, 맥가번 교수의 레시피대로 맥주를 만들어 팔았다. 많은 양을 생산한 것은 아니었지만, 한 고고학자와 양조사들의 열정 덕분에 맥주 팬들은 시간을 거슬러 약 만 년 전의 맥주를 마시며 선사시대의 인류와 소통할 수 있게 되었다.

마시는 빵, 맥주의 탄생

맥주는 인류가 농사를 짓고, 빵을 만들기 시작하기 훨씬 이전부터 존재해온 술이다. 맥주를 '마시는 빵'이라고 부르는 것을 들어본 적이 있을 것이다.

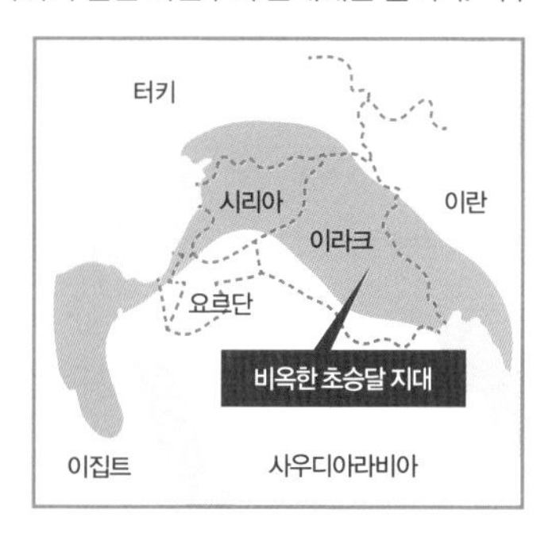

둘 다 곡물을 원재료로 하고, 발효의 시간이 필요하다는 점, 곡물에서 오는 달콤하고 고소한 맛이 난다는 점에서 맥주와 빵은 흡사한 부분이 많다. 하지만 맥주가 마시는 빵으로 불리는 진짜 이유는 빵이 '맥주의 탄생'과 깊은 연관이 있기 때문이다.

***비옥한 초승달 지대 :** 메소포타미아로부터 시작하여 시리아~팔레스타인을 거쳐 이집트에 이르는 방대한 지역을 일컫는다. 지금의 터키, 이란, 이라크, 시리아, 레바논, 요르단, 이스라엘, 사우디아라비아, 이집트 등의 나라들이 이 지역에 속해 있다. 이 일대 모양이 꼭 초승달 같으면서 동식물이 많아 '비옥한 초승달 지대'(the Fertile Crescent)라고 불렸다. 이 지역은 티그리스와 유프라테스 두 강이 북쪽의 메소포타미아 지역을 가로지르고, 남쪽의 이집트에는 나일강이 흐르고 있어 일찍부터 문명의 꽃을 피울 수 있었다.

최초의 맥주가 언제, 어디서, 어떻게 만들어졌는지는 아무도 모른다. 기원전 7000년에 만들어졌다는 지아후 맥주도 현재까지 발견된 맥주 가운데 가장 오래된 것일 뿐 세계 최초의 맥주라고 단언할 수는 없다. 다만 문명시대 이후 여러 기록물을 통해 맥주는 기원전 10000년부터 동식물이 많고 땅이 넓은 '비옥한 초승달 지대'(the Fertile Crescent) 지역에 사는 고대인이 주로 만들어 마시며 즐겼던 것으로 알려져 있다. 당시 사람들은 이곳저곳을 떠돌아다니면서 사냥과 채집을 통해 먹고살았다.

기원전 4500년쯤, 유목민이었던 수메르인은 오늘날 중동 지역인 티그리스강과 유프라테스강 사이의 메소포타미아에 정착해 농사짓기 시작했고, 이는 찬란한 메소포타미아 문명으로 이어졌다. 야생 들판에 풍성하게 자란 곡물과 사냥으로 잘 살아갔던 이들이 왜 갑자기 농사를 짓기 시작한 것일까?

빵이 먼저냐, 맥주가 먼저냐

만약 수메르인이 정기적인 맥주 생산을 위해 농사를 짓고, 맥주를 마시기 위해 빵을 만들었으며 이 때문에 문명이 탄생했다면? 학창시절 역사 교과서에서 배운 내용과는 전혀 다른 상식 밖의 이야기라고 생각할 수도 있겠지만 터무니없는 가설은 아니다.

솔로몬 카츠(Solomon Katz) 펜실베니아대학 교수는 인류가 맥주를 안정적으로 생산하기 위해 유목 생활을 접고 도시를 건설했을 것이라고 주장하는 대표적인 학자다. 고대 사람들이 야생에 흩어진 곡물을 주워 먹는 과정에서 우연히 맥주를 발견했고, 마시면 기분이 좋아지고 황홀감이 느껴지는 이 음료를 지속적으로 맛보기 위해 밀과 보리를 수확하는 데 관심을 갖게 되어 마침내 농경 생활을 시작하고 문명시대를 열었다는 주장이다. 미국 출신의 세계적인 맥주 전문가 마이클 잭슨도 '빵 이전의 맥주'(Beer before bread) 학설을 지지하고 있다.

수메르인은 다음과 같이 맥주를 발견해 마셨을 것으로 추정된다. 비옥한 초승달 지대에는 야생의 곡물 알갱이가 땅에 흩어져 있었다. 사람들은 수렵과 채집 생활을 하면서 야생 곡물을 주워 먹어 영양을 보충했다. 하지만 날것으로 먹기에는 너무 딱딱했다. 곡물을 부드럽게 만들기 위해 물에 담가 죽처럼 만들어 먹었다. 당시 양념도 조미료도 없었을 테니 야생곡물 죽은 배만 채울 뿐, 아주 맛이 없었을 것이다. 그러나 시간이 지나 방치된 죽을 우연히 맛봤더니 마법 같은 일이 벌어졌다. 아무 맛도 나지 않았던 죽이 달콤해진 것이다. 맛있어서 계속 먹다보니 어느새 기분이 좋아지고 에너지가 솟아났다. 발효의 개념을 몰랐던 당시 사람들은 이 '죽 맥주'를 하늘이 내린 신비의 음료로 여겼다. 다만 술을 만들기 위해 발아한 곡물로 만든 술이 아니었기 때문에 고대 죽 맥주의 알코올 함량은 1~2도로 낮은 편이었다.

맥주는 곧 없어서는 안 되는 '식량'이 되었다. 사람들은 맥주를 얻기 위해 열심히 일했고, 신에게 제사를 지낼 때도 반드시 맥주를 바쳤다. 맥주는 영양부족에 시달리는 사람들에게 훌륭한 영양 공급원이었다. 당시 사람들은 하루 평균 5000칼로리를 소모했다고 한다. 사냥과 채집으로 얻은 식량만으로는 턱없이 부족한 칼로리를 보충하기 위해 맥주만한 것이 없었을 것이다.

부족 생활로 점차 인구가 늘어나면서 야생곡물로 맥주를 만드는 것으로는 수요를 감당할 수 없게 되었다. 마침내 사람들은 밀과 보리 등의 곡물을 기르는 방법을 찾아내 농사를 짓기 시작했다. 농경시대에 접어든 후 수메르인은 빵을 물에 적셔 발효시키는 방법으로 맥주를 얻었다. 이 빵도 사실 먹기 위해서가 아니라 맥주 양조를 위해 처음 만들어졌다는 주장도 있다. 이것이 바로 맥주가 '마시는 빵'이라고 불리는 이유다.

빵이 먼저일까? 맥주가 먼저일까? 학술적으로 확인되지는 않았지만, 설사 인류가 맥주를 만들기 위해 농사를 시작한 것이 아니더라도 농사를 시작한 주요 이유가 맥주 때문이었음은 분명하다.

Beer Plus

고대 이집트인은 원조 '맥주 덕후'

빨대로 맥주를 마시고 있는 고대 이집트인

메소포타미아 지역의 수메르인만 맥주를 빚었던 것은 아니다. 곡물 가운데 쌀이 많이 나는 중국, 동남아 등의 아시아 지역에서는 보리 대신 쌀을 사용해 양조했다. 수메르인 외에 맥주 양조를 가장 많이 발전시킨 민족은 고대 이집트인이다. 이집트인은 수메르인의 영향을 받아 기원전 5000년쯤 맥주 양조를 시작한 것으로 추정된다.

이집트인만큼 맥주를 사랑한 민족도 없을 것이다. 이들의 맥주 사랑은 아주 유별나서 이집트인의 일상은 맥주를 빼놓고는 설명할 수 없을 정도로 깊숙이 연관되어 있었다. 이집트 신화에 등장하는 맥주의 신들을 보면 이집트인의 맥주 사랑이 얼마나 대단했는지 알 수 있다. 이집트 신화에서 농업의 신 '오시리스'(Osiris)는 맥주를 발견한 신으로 소개된다. 이집트인은 오시리스가 싹이 난 곡물을 물에 담가두었다가 햇볕이 드는 곳에 내버려 두었는데 나중에 보니 그 음료가 발효되어 발견된 것이 맥주라고 믿었다. 인류에게 최초로 맥주를 하사한 신은 자연의 신 '이시스'(Isis)이며, 기쁨의 신 '하토르'(Hathor)는 맥주 제조과정을 이집트인에게 알려준 신으로 통한다. 이밖에 신화에도 맥주 제조과정에 연관된 신이 수없이 등장한다. 이집트인은 신전 의식을 거행할 때도 반드시 맥주를 마시고, 맥주를 제물로 바쳤을 정도로 맥주를 신성하게 여겼다.

맥주는 이집트인의 '노동주'이기도 했다. 영화 <쇼생크 탈출>에서 수감자들이 강렬한 햇볕 아래 고된 노동을 마치고 맥주 한 병씩을 받아 마시는 유명한 장면이 있다. 수천년 전, 기자 피라미드 건설 현장에서 노동을 마친 이집트인도 이와 별반 다르지 않았다. 현장에 투입된 이집트인 노동자들은 급여를 맥주로 지급 받았고, 이들은 고된 하루의 스트레스를 맥주로 풀었다. 아마 맥주가 없었다면 거대한 피라미드는 완성되지 못했을지 모른다.

영화 〈쇼생크 탈출〉(1994)에서 노동 후 맥주를 마시며 휴식을 취하는 수감자들

고대 이집트는 사상 최초로 맥주에 세금을 부여했으며, 처음으로 맥주를 수출한 '맥주 선진국'이었다. 이집트인은 주로 와인을 마시던 그리스인에게 맥주 양조법을 전파했다. 이어 그리스인은 로마제국에 맥주를 전수해 오늘날 맥주는 유럽의 국민 음료가 되었다.

피라미드 건설 현장의 이집트 노동자들. 이들에게 급여로 지급된 건 맥주였다.

크래프트맥주 혁명

크래프트맥주(Craft beer, 수제맥주)란?

언제부턴가 '크래프트맥주'(Craft beer) 혹은 '수제맥주'라는 용어가 우리 일상 깊숙이 들어왔다. 크래프트맥주 간판을 내건 술집이 주변에 흔해졌고, 대형 마트에는 크래프트맥주 코너가 따로 마련되어 있다. 인터넷 검색창에 수제맥주를 검색하면 이와 관련한 블로그와 뉴스가 쏟아진다. 그렇게 크래프트맥주는 오늘날 한국 주류 업계에서 당당히 한 부류로 자리를 잡았다. 그런데 '크래프트맥주'가 대체 무엇인지 제대로 알고 있는 이는 드물다. 크래프트맥주를 우리말로 그대로 옮긴 '수제맥주'의 뜻처럼 손수 만든 맥주를 뜻하는 것이냐고 묻는 이들도 많다.

크래프트 정신이란? 독립성, 소규모, 전통성

전미양조협회(The Bewewrs Association in America)가 정의하는 크래프트맥주는 외부 자본의 지배를 받지 않고, 소규모 양조장에서 소량으로, 전통 방식을 존중해 생산되는 창의적인 맥주다. 이들은 크래프트맥주의 필수 요건으로 ① 독립성 ② 소규모 ③ 전통성 등 세 가지를 꼽고 있다.

독립성이란 독립 자본으로 경영할 것을 원칙으로 삼고, 외부 자본 비율을 25% 미만으로 유지해야 함을 뜻한다. 소규모란 맥주 생산량에 관한 기준인데, 연간 맥주 생산량이 600만 배럴(1억 리터)을 넘지 않아야 한다는 것이다. 전통성은 생산과정에서 전통적인 맥주 양조방식을 존중하면서 다양한 재료를 이용해 혁신적인 맥주를 만들어야 한다는 의미로, 창의적이고 개성이 넘치는 맥주를 생산하라는 뜻이다.

전미양조협회가 보증하는 진짜 '크래프트 양조장'이라는 뜻의 독립양조장 마크

필수요건에는 포함되지 않지만, 대다수의 크래프트맥주 양조장은 강한 지역성도 띈다. 미국의 양조장들은 지역사회와 매우 친밀한 관계를 맺고 있으며 해당 지역에 가야만 맛볼 수 있는 맥주가 많다. 크래프트맥주는 지역사회의 문화와 주민들의 소통에 기여하며 지역을 발전시키는 역할을 하고 있다. 실제로 미국, 캐나다에서 폐허가 된 동네에 양조장이 들어서면서 지역이 활기를 띈 사례가 많다.

물론 전미양조협회가 규정한 세 가지 조건은 오늘날 크래프트맥주를 명확하게 규정하지는 못한다. 특히 크래프트맥주가 인기를 얻자 세계 최대 맥주회사인 앤호이저부시-인베브(AB인베브, 한국 OB맥주의 글로벌 본사) 사에 합병된 시카고의 크래프트맥주 회사 '구스 아일랜드'(Goose island)처럼 지역에서 명성을 얻은 작은 양조장이 대기업에 흡수되는 케이스가 급속도로 늘어나고 있기 때문이다. 이러한 흐름 속에서 과연 무엇이 순수한 크래프트맥주인지 아닌지 구분하기는 꽤나 모호해서 이는 최근 크래프트맥주 업계의 새로운 논쟁거리이기도 하다.

이러한 흐름을 반영해 전미양조협회는 '독립 크래프트'(Independent Craft)라고 쓰인 로

고를 만들어 소규모 양조장에서 생산한 맥주병이나 맥주캔에 해당 로고를 표기하도록 장려하고 있다.

어쨌든 좋은 크래프트맥주 양조장이 많다는 것은 해당 사회의 맥주 생태계가 독과점이 아닌 다양성을 끌어안을 수 있는 건강한 상태라는 의미다. 이런 산업 환경에서 자신만의 확고한 철학을 가진 양조사, 맥주와 지역사회를 진정으로 사랑하는 주민(맥주 소비자)이 있다면 '크래프트 정신'이 살아있는 양조장은 많아질 테고, 이는 맥주 산업 발전으로 이어지기 마련이다. 미국이 대표적인 '좋은 예'다.

크래프트맥주 혁명의 발상지, 미국

	2012	2013	2014	2015	2016	2017
크래프트 맥주	2,420	2,89	3,739	4,544	5,424	6,266

미국 크래프트맥주 브루어리 증가 추이 (출처 : 전미양조협회)

미국은 전 세계에서 이른바 '크래프트 정신'이 살아있는 양조장이 가장 많은 나라다. 현재 미국 전역의 크래프트맥주 양조장은 무려 6,000개가 넘는다. 크래프트맥주의 발상지가 미국임을 떠올려본다면 이는 당연한 결과다. '크래프트맥주'라는 용어 자체도 미국에서 생긴 말이고, 현재 전 세계 크래프트맥주 인기와 트렌드를 선도하고 있는 나라 또한 미국이다. 많은 사람들이 '맥주 강국' 하면 독일, 체코, 벨기에 등 유럽의 전통 맥주 선진국을 떠올리지만, 다양하고 혁신적인 스타일로 대표되는 크래프트맥주를 기준으로 놓고 봤을 때 미국을 따라올 나라가 없다고 여겨도 좋다.

처음부터 미국이 '크래프트맥주의 천국'은 아니었다. 미국도 과거 지독한 '맥주 암흑기'를 거쳤다. 때는 100여 년 전으로 거슬러 올라간다. 1919년 1월 16일, 미국 의회에서 알코올 함량 0.5% 이상의 음료를 제조·운송·판매하는 것을 일체 금지하는 금주법이 통과됐다. 미국처럼 개인의 자유와 책임이 중요시되는 나라에서 어떻게 이런 법이 생겨난 걸까.

미국 맥주의 암흑기 : 금주법

금주법이 시행되자 양조장의 맥주를 버리고 있는 미국인들

미국에서는 1800년대 후반부터 독실한 기독교 신자들이 금주 캠페인을 벌였다. 대부분 종교적인 믿음이 굳건한 사람들이었지만, 만취해 소동을 일으키는 취객(대부분 남성이었다)에게 질려 분노에 찬 여성도 많았다. 실제로 캠페인 지지자의 60%는 여성이었다고 한다. 이들의 금주운동에 여론의 힘이 실린 건 제1차 세계대전이 벌어진 후였다. 당시 미국에서는 전쟁을 일으킨 독일에 대한 반감이 퍼져 있었다. 마침 미국 내 독일계 이민자들 가운데 맥주 양조업에 종사하는 이들이 많았다. 대표적인 인물이 버드와이저를 만들어 오늘날 세계 최대 맥주회사로 성장한 AB인베브의 앤호이저-부시(Anheuser-Busch)다. 주류업계에 종사하는 독일계 이민자들은 곧 비난의 대상이 되었고, 금주운동은 대중의 열렬한 지지를 받아 금주법안이 통과되기에 이른다.

하지만 이 금주법이 '말도 안 되는 법'이라는 것을 깨닫는 데에는 오랜 시간이 걸리지 않았다. 법이 지켜지기는커녕 각종 밀주가 성행하면서 마피아가 판을 쳤으며 제대로 단속할 시스템도 갖춰지지 않아 불법 거래에 뇌물이 오갔다. 술을 구하지 못한 가난한 사람들은 메틸알코올을 마시며 죽어갔다. 금주법 이전에는 집집마다 다양한 맥주를 빚어 마셔온 '가양주 문화'가 있었지만, 이러한 전통도 이 시기에 모두 사라졌다. 소규모 양조장들은 문을 닫았다. 대형 양조장은 냉장 시설을 이용해 맥주가 아닌 아이스크림을 팔면서 살아남았다.

마침내 프랭클린 루스벨트 대통령이 1933년 금주법을 폐지했지만, 부작용은 이미 너무 크게 번졌다. 소규모 양조장에서 생산되는 다양한 스타일의 맥주는 모두 사라졌고, 자본력으로 암흑기를 버텨낸 대규모 양조장만 살아남았다. 1914년 1,345개에 달했던 미국 전역의 양조장은 1970년대 44개로 움츠러들었다. 이들이 원가 절감과 대량 생산에 유리한 미국식 라거에 집중한 탓에 미국인들은 수십 년간 버드와이저 스타일의 가벼운 라거 타입 맥주만을 마셔야 했다.

크래프트맥주, 미국 맥주의 전성기를 열다

미국 소비자의 입맛은 그렇게 시장을 장악한 대기업의 가벼운 라거 맥주에 길들여졌다. 한편으로는 다양한 맥주를 마셨던 과거에 대한 그리움과 새로운 맥주를 갈망하는 마음도 커져갔다. 대신 사람들은 당시 불법이었던 홈브루잉(Homebrewing, 맥주자가양조)을 몰래 하면서 맛있는 맥주에 대한 욕구를 채웠다.

이러한 가운데 1978년, 지미 카터 정부는 홈브루잉을 전격 허용했다. 이제 예전처럼 가정집에서 맥주를 만들어 마실 수 있게 된 것이다. 합법적으로 홈브루잉을 즐길 수 있게 되자 가양주 문화가 되살아나기 시작했다. 젊은 층의 히피 문화 유행에 맞물려 청년 세대가 기존 틀에 박힌 대기업 맥주를 거부하고, 독특하고 다양한 맥주를 찾는 분위기도 한몫했다. 개성 있는 맥주를 생산하는 소규모 양조장들이 샌프란시스코 등 캘리포니아 지역을 중심으로 하나둘 생기고 인기를 얻기 시작했다.

지미 카터 당시 미국 대통령이 1978년 10월 14일, 자가양조를 허용하는 법안에 사인했다는 내용의 기념 포스터.

크래프트맥주라는 말은 바로 이 시기에 탄

생했다. 특히 1980년대 후반 미국의 소규모 맥주 양조장이 급격히 늘어났다. 초창기 크래프트맥주 양조사 중에는 홈브루잉을 취미로 하다 세계적인 기업의 오너가 된 경우가 많다. 자신의 맥주가 이웃과 친구들에게 좋은 반응을 얻자 집의 창고나 허름한 양조장에서 맥주를 만들다가 일이 커진 것이다. 미국의 유명 크래프트맥주 회사인 시에라네바다 페일 에일의 시에라네바다, 스컬핀 IPA의 밸라스트포인트 등이 모두 이런 과정을 거쳐 성장했다. '시에라네바다'의 창립자 켄 그로스맨(Ken Grossman)은 최근 몇 년 연속 〈포브스〉 억만장자 명단에 오르고 있으며 밸라스트포인트(Ballastpoint)의 창업자 잭 화이트는 2015년 미국 주류업체 콘스텔레이션에 지분을 팔아 5000만 달러를 챙겨 화려한 '백만장자의 삶'을 즐기고 있다.

미국 크래프트맥주의 가장 큰 매력은 '다양성'이다. 크래프트맥주 양조사들은 금주법 기간 동안 사장된 소규모 양조장과 가정집에서 내려왔던 다양하고 독특한 맥주 레시피를 다시 부활시켰다. 그뿐만 아니라 특유의 실험정신으로 기존 스타일에 새로운 부재료를 넣거나 특정 재료를 많이 넣어 기존에 없던 스타일을 창조해내기도 했다. 이는 라거 일색이었던 맥주시장에 지각변동을 일으켰다. 임페리얼 인디아 페일 에일(IPA), 블랙 IPA, 아메리칸 와일드 에일 등 미국 특유의 독특한 스타일의 맥주들은 이렇게 탄생한 것이다.

미국 크래프트맥주의 다양성과 독특함은 곧 전 세계 맥주 마니아의 입맛을 사로잡았다. 2000년대 이후 크래프트맥주 열풍은 빠르게 번져 이제는 유럽, 남미, 아시아 지역 어느 국가를 가도 미국식 크래프트맥주를 생산하는 양조장을 쉽게 발견할 수 있다. 한국에서도 2010년대 이후 크래프트맥주가 알려지면서 과거 미국처럼 대기업 라거 위주의 기존 맥주시장 판도가 뒤바뀌었다. 개인의 취향이 세분화되고 다양성이라는 가치가 존중되는 소비시장의 추세에서 크래프트맥주의 인기는 좀처럼 식지 않을 것으로 보인다.

시에라네바다 Sierra Nevada

밸러스트포인트 Ballastpoint

미국의 역사적인 크래프트맥주 양조장

미국 크래프트맥주 혁명을 논할 때 빼놓아선 안 되는 양조장들이 있다. 크래프트맥주 열풍의 포문을 열고, 미국식 크래프트맥주 스타일의 기준을 제시한 전설적인 양조장들을 소개한다. 미국 여행을 간다면 '성지순례'하듯 꼭 방문해보기를 추천한다.

① 앵커스팀 브루어리 : 전설의 시작

금주법 이후 대기업 라거가 지배했던 미국에서 크래프트맥주 열풍의 흐름이 처음 시작된 곳은 서부 해안(West coast) 지역이다. 캘리포니아주 샌프란시스코에 있는 앵커스팀 브루어리는 미국에서 크래프트맥주 역사를 논할 때 빠지지 않는 곳으로 크래프트 '원조 맛집'이라 할 수 있다.

앵커스팀의 전설은 맥주를 좋아하는 재벌집 아들 프리츠 메이텍의 손끝에서 시작됐다. 가전제품 회사인 '메이텍'의 후계자였던 그는 스탠퍼드대학교에서 영문학을 전공한 뒤 1960년대 당시 히피 문화가 주를 이루었던 샌프란시스코에 머물렀다. 단골 펍에서 맥주잔을 기울이던 어느 날, 바텐더에게서 "맛있는 맥주를 만드는 브루어리가 곧 문을 닫을 예정"이라는 정보를 들었다. 앵커스팀 양조장이었다.

캘리포니아 골드 러시 시절부터 영업해

앵커스팀 비어 Anchor Steam Beer

ABV 4.9%

스팀 맥주는 맥주 양조과정에서 엄청난 김이 솟아오른다는 의미를 담고 있다. 이는 맥아즙에 홉을 넣고 끓인 후 효모가 활동하기 좋은 온도까지 식히는 과정에서 건물 지붕을 열어 태평양으로부터 불어오는 시원한 바람을 활용했기 때문이다. 진한 몰트와 홉의 풍미가 돋보인다.

온 앵커스팀은 '스팀 맥주'라는 독특한 라거 맥주를 주력으로 생산하고 있었으나 대기업 맥주회사들에 의해 소규모 양조장들이 빠르게 잠식되고 있는 당시 시류에 따라 폐업 위기에 처해 있었다.

메이텍은 그 소리를 듣자마자 앵커스팀을 구경하러 갔다. 양조장에서 맥주 맛에 매료된 메이텍은 그 자리에서 양조장을 구매한다. 이후 메이텍의 행보는 소규모 업체를 인수해 공격적으로 마케팅을 하는 여느 재벌 2세와는 달랐다. 메이텍은 사라질 뻔한 스팀 맥주를 계속 생산하면서 새로운 맥주 레시피도 개발해 다양한 맥주 만들기에 집중했다. 돈으로 승부하지 않고 생산부터 유통, 영업까지 두 발로 직접 뛰었다. 그렇게 하기를 10여 년, 입소문을 타고 앵커스팀 브루어리는 인기를 얻기 시작했고, 앵커스팀의 이야기를 들은 사람들은 용기를 얻어 지역에서 소규모 양조장을 차렸다. 미 전역을 강타한 크래프트맥주 광풍이 첫 걸음을 뗀 순간이었다.

② 시에라네바다 브루어리 :
미국식 페일 에일의 표준을 만들다

앵커스팀 브루어리가 한창 자리를 잡아갈 무렵, '맥주덕후' 켄 그로스맨은 북캘리포니아 치코에서 자전거 수리점을 하고 있었다. 취미로 집에서 맥주를 만들기도 했던 그는 앵커스팀의 단골손님이기도 했다.

시에라네바다 페일 에일
Sierra Nevada Pale Ale

ABV 5.6%

미국식 크래프트맥주, 아메리칸 페일 에일의 기준이자 상징인 맥주다. 강렬한 자몽향과 꽃향을 머금은 미국산 케스케이드 홉의 특성이 잘 드러나 있다.

맥주에 홀딱 빠진 그로스맨이 자전거 수리점을 닫고 그 자리에 홈브루잉 제품을 판매하는 가게를 시작한 것은 당연한 수순이었다. 하지만 장사가 잘 되지 않았다. 고민하던 그로스맨은 양조법을 배워 당시 캘리포니아 지역에서 하나둘 생기고 있었던 크래프트맥주 양조장을 해보기로 한다.

1980년, 그는 시에라네바다 브루어리를 설립했다. 그로스맨이 만든 '시에라네바다 페일 에일'은 큰 성공을 거두고, 이후 양조장들은 시에라네바다 페일 에일과 비슷한 맥주를 생산했다. '아메리칸 페일 에일'이라는 스타일의 기준을 세운 그로스맨은 그렇게 크래프트맥주계의 '살아있는 전설'이 되었다. 이 맥주는 미국에서 가장 많이 팔린 크래프트맥주로 기록됐다.

③ 보스턴 비어 컴퍼니 : 위탁양조의 신화

보스턴 비어 컴퍼니는 한국의 마트나 술집에서 쉽게 발견할 수 있는 '사무엘 아담스 보스턴 라거' 맥주를 만드는 바로 그 회사다. 창립자는 짐 쿡이다.

쿡은 하버드대를 졸업하고 1984년까지 세계적인 경영 컨설팅 회사를 다니며 맥주와 전혀 상관없는 삶을 살았다. 할아버지 대까지는 양조장을 운영했지만, 금주법령 시기 이후 대기업 맥주회사들이 맥주산업을 독점하다시피 하면서 양조장도 문을 닫았다.

사무엘 아담스 보스턴 라거
Samuel Adams Boston Lager

ABV 4.8%

미국에서 '비엔나 라거'(엠버 라거) 열풍을 일으킨 맥주. 고소한 비스킷, 캐러멜 맛이 나 다소 밍밍한 일반 라거와 구분된다. 진한 몰트 맛과 더불어 홉의 맛도 강해 밸런스가 좋다. 사무엘 아담스 맥주 라인업 중에서 가장 대중적인 맥주이기도 하다. 풍미가 짙으면서도 가벼운 목넘김의 라거를 원한다면 반드시 맛보아야 할 맥주다.

미 서부에서 크래프트맥주가 시작되고 그 열풍이 동부로 넘어오던 무렵, 쿡은 아버지와 함께 다락방에서 할아버지의 오래된 맥주 레시피를 찾아냈다. 맥주를 좋아했던 쿡은 해당 레시피로 집안 사업을 되살려내고 싶었지만 당장 맥주를 만들 수 있는 시설이 없다는 것이 문제였다.

쿡은 아이디어를 떠올렸다. 생산 여력이 있는 양조장에 할아버지의 레시피를 맡겨 맥주를 위탁 생산하는 것이다. 그렇게 탄생한 맥주가 바로 '보스턴 라거'다. 붉은 빛깔의 보스턴 라거는 출시되자마자 미국의 각종 맥주 축제에서 호평을 받았고, 동부 소비자들도 새로운 라거 맥주의 등장에 열광했다. 이후 보스턴 비어 컴퍼니는 미국에서 가장 큰 크래프트맥주 회사로 성장했다.

한국, 맥주 불모지에서
아시아 크래프트맥주 강국으로

우리는 꽤 오랜 기간을 '맥주 불모지'에서 살았다. 국내에 크래프트맥주가 소개되고, 다양한 맥주 열풍이 불면서 최근 들어 조금씩 나아지고 있긴 하지만, 한번 각인된 "국산 맥주 = 맛없다"는 선입견이 깨지기란 쉬운 일이 아니다. 이런 편견이 단단해진 배경에는 근대 이후 시작된 한국 맥주의 역사가 있다.

'서양 술'인 맥주가 한반도에 처음 소개된 것은 '강화도 조약'이 체결된 1876년 이후다. 당시 서구에서 맥주 양조 기술을 습득한 일본이 조선에 자국의 맥주를 수출했다. 이후 일제강점기 시절인 1933년 서울 영등포에 조선맥주(현 하이트진로)와 쇼와기린맥주(현 OB맥주) 공장이 차례로 들어서면서 한반도에서도 맥주를 생산하기 시작했다.

일본은 서구의 영향을 받아 당시 대세였던 '라거 맥주'를 주로 만들었고, 그런 일본

아시아 최초의 사우어 맥주 전문 펍, 사우어 퐁당

국내 크래프트 브루어리인 '코리아크래프트브류어리'(KCB)와 KCB에서 운영하는 펍 ROUTE 146
(출처 : koreacraftbrewery.com/beer)

이 한국에 맥주 공장을 지었다. 당연히 조선도 라거 맥주를 생산했다. 이후 80여 년간 한국인은 두 회사가 만드는 맥주만 마셔야 했다. 맥주 제조와 유통에 규제가 많았고, 소규모로 맥주를 만들고자 하는 사람들은 거대한 장벽 탓에 맥주사업을 시작할 수조차 없었기 때문이다.

국내에 "크래프트맥주=힙하다"는 이미지를 만드는 데 공헌한 크래프트브로스

변화의 시작, 소규모 맥주 제조 면허 허용

변화의 물꼬는 한일월드컵이 열렸던 2002년에 시작됐다. 오랫동안 막혀 있던 '소규모 맥주 제조 면허'가 허용된 것이다. 이때 유행한 것이 '하우스 맥주'다. 매장에서 맥주 양조와 판매를 했던 당시의 하우스 맥줏집은 필스너, 바이젠, 둥켈 등 독일식 맥주를 팔았다. 한국에서는 아직 미국의 크래프트맥주의 존재를 아무도 모를 때였고, 크래프트맥주가 전 세계적으로 유행하기 전이었기 때문에 "맥주는 역시 독일 맥주"라는 인식이 강했다.

하우스 맥주 열풍은 오래가지 못했다. 소규모 양조장들은 외부 유통이 허가되지 않아, 만든 맥주를 매장 내에서만 팔아야 했기에 이윤을 내기가 힘들었다. 또 맥주산업 자체가 빈약해 숙련된 양조사들도 부족했다. 이는 품질 저하로 이어졌다. 사람들은 하우스 맥줏집에 발길을 끊었다. 외국 유학 경험이 있는 젊은이들은 2000년대 중반부터 본격적으로 다양하게 수입된 해외 맥주를 즐겨 마셨다. 실제로 외국 병맥주를 다양하게 팔았던 '세계 맥줏집'의 장사가 아주 잘되던 시기이기도 했다.

크래프트맥주의 봄, 크래프트맥주 국내 상륙

한국에 크래프트맥주가 상륙한 시기는 2011년경이다. 외국인들이 많은 서울 용산구 이태원동에 외국인을 겨냥한 크래프트맥주 펍이 하나둘 생겨났다. 이 무렵 한국에 미국 IPA도 처음 수입됐는데, 외국인뿐만 아니라 해외 맥주를 즐겨 마시던 맥주 마니아에게도 반응이 좋았다. 동시에 아마추어계에서는 다음 카페 '맥주만들기동호회'(맥만동)가 활성화되고 있었다. 이 회원들 가운데 일부가 좀 더 본격적으로 미국 크래프트맥주와 상업 맥주를 연구하기 위해 2012년 '비어 포럼'(Beer Forum)이라는 웹사이트를 만들었다. 이 사이트는 크래프트맥주 관련 자료를 축적하고, 크래프트 양조장에서 나오는 상업 맥주를 대중적으로 알리는 역할을 했다.

결정적인 변화는 2014년 이후 벌어졌다. 주세법이 또 개정되면서 소규모 양조장에서 만든 맥주의 외부 유통이 가능해진 것이다. 당시 민주당 국회의원이었던 홍종학 중소벤처기업부 장관이 발의한 이 법안은 2013년 국회를 통과했고, 이듬해 4월부터 개정안이 시행된다. 맥주 비즈니스에서 가장 단단했던 진입 장벽이 허물어지자 '크래프트맥주의 봄'이 찾아왔다. 기존 한 자릿수에 불과했던 소규모 양조장의 수가 2017년 기준 100여 개 이상에 이를 정도로 폭발적으로 성장하게 됐다.

크래프트맥주 열풍 덕분에 맥주도 와인처럼 스타일과 맛이 다양한 술이라는 인식이

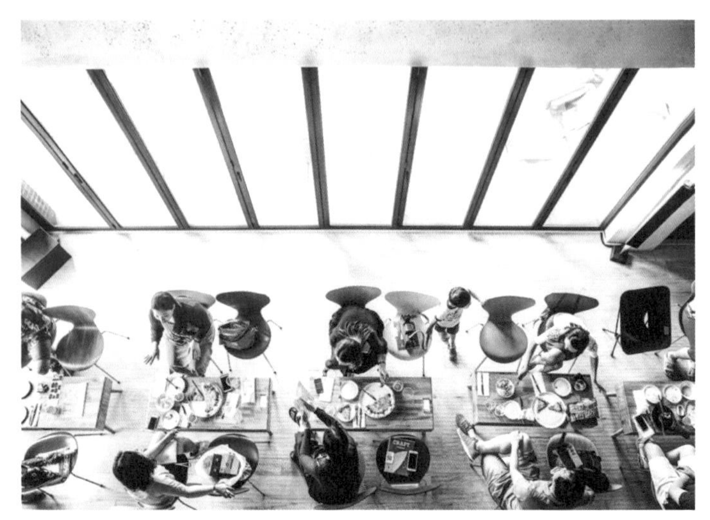

맥주를 즐길 수 있는 탭룸

퍼졌다. 이제 'IPA', 페일 에일 한번쯤 안 마셔본 사람이 거의 없을 정도로 크래프트맥주는 대중화됐다. 특히 외국 경험이 많은 2030세대가 크래프트맥주를 적극 소비하면서 크래프트맥주를 마시는 행위는 단순한 음주가 아니라 힙한 문화를 소비한다는 인식도 형성됐다. 양조사를 꿈꾸는 청년들도 예전보다 눈에 띄게 많아졌다. 크래프트맥주가 새로운 산업군을 만들어내고, 트렌드를 넘어 문화 현상으로 발전한 것이다.

'맥주 공룡', 한국 크래프트맥주 양조장을 인수하다

크래프트맥주 열풍이 지속되면서 한국에서도 미국, 유럽처럼 대규모 맥주회사가 소규모 양조장을 인수하는 경우가 생겼다. 2018년 4월 세계 최대 맥주회사인 앤호이저부시-인베브(AB인베브)의 자회사 OB맥주는 '더 핸드앤몰트'의 지분 100%를 사들였다. 인수 금액은 밝혀지지 않았지만 업계에서는 최소 100~120억 원은 넘을 것으로 추정하고 있다.

이를 두고 업계와 맥주 팬들 사이에서는 의견이 분분하다. 전체 맥주시장의 1%에 불과한 작은 규모의 크래프트맥주 시장에서 거대 자본이 들어오면서 크래프트맥주가 더욱 대중화되고 품질이 좋아지는 등 업계가 발전할 것이라는 입장과, 반대로 한국 크래프트맥주가 너무 짧은 시간에 의미 있는 성취를 이루지 못하고 독과점 기업에 넘어갔다는 우려 등이다.

이번 일이 한국의 크래프트맥주 발전에 어떤 영향을 끼칠지 시간을 갖고 지켜봐야겠지만, 한국에서 크래프트맥주가 큰 인기를 누리고 있으며 이에 상응하는 가치를 인정받았다는 것과, 한국의 맥주시장이 100여 년 만에 처음으로 혁신적인 변화를 겪고 있다는 것만은 분명하다.

나에게 맞는 크래프트맥주 찾기

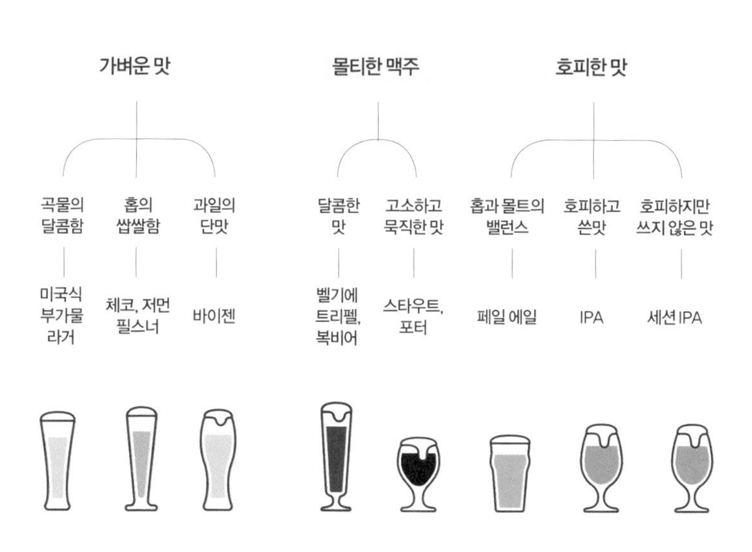

PART 3 스타일별 맥주 : 라거와 에일

1

다채로운 라거의 세계

Lager

라거에 대한 오해

라거 Lager 와 에일 Ale 을 구분하는 방법

"라거와 에일을 어떻게 구분하나요?"
맥주를 잘 모르는 사람들이 가장 많이 하는 질문 가운데 하나가 라거와 에일의 구분법이다. 특히 크래프트맥주가 유행한 이후 '에일 맥주'라는 표현이 많이 나오자 일부 언론에서는 에일을 "라거보다 쓰고 풍미가 짙은 맥주"로 표현하기도 한다. 하지만 라거와 에일을 구분하는 기준을 '맛'으로 단순화하기란 쉽지 않다. 각각의 카테고리에 속한 맥주의 종류가 매우 많고, 종류별 맥주의 맛도 천차만별이기 때문이다. 에일처럼 짙은 풍미를 내는 라거 스타일 맥주가 있는가 하면, 라거처럼 마시기 편하고 가벼운 에일 스타일의 맥주도 엄연히 존재한다.
라거와 에일은 크게 발효 방식을 기준으로 나뉘는 맥주의 상위 개념이다. 라거와 에일을 정확하게 구분하기 위해서는 해당 맥주의 발효가 라거 방식인지 아니면 에일 방식으로 발효됐는지 알아야 한다.

발효와 숙성에 관여하는 맥주의 원료는 '효모'다. 라거는 발효 과정에서 아래쪽으로 가라앉는 성질을 가진 효모를 이용하여 발효시킨 맥주를 의미하는데, 이 효모는 15~20도에서 활동하는 에일 맥주용 효모와는 달리 8~12도 이하의 저온에서 활발하게 활동한다. 라거를 하면발효(下面醱酵, Bottom Fermentation) 맥주라고 부르는 이유다.

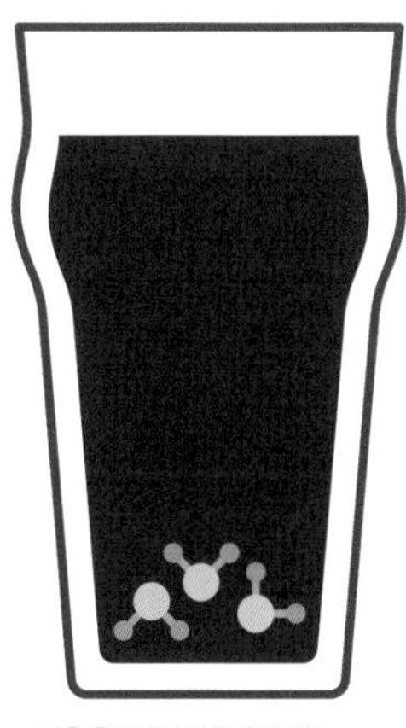
낮은 온도에서 발효가 잘 되는 라거 효모. 발효 과정에서 아래로 가라앉는 성질이 있다.

페일 라거 Pale Lager 가 라거의 전부라고?

땀이 주룩주룩 흐르는 여름날, 목이 타들어갈 것 같은 갈증을 느낄 때 가장 먼저 떠오르는 건 시원한 맥주 한 잔이다. 특히 한국인에게 500ml 얼음 잔에 담긴 생맥주와 치킨은 영혼을 달래주는 소울푸드이기도 하다. 누구나 '맥주' 하면 떠올리는 이미지, 그 이미지 속의 맥주 스타일이 바로 '페일 라거'(Pale lager)다.

라거 앞에 붙은 '페일'은 '(색깔이) 밝은, 옅은'이라는 뜻을 가진 형용사이지만, 맥주 용어로 쓰일 때에는 해당 스타일의 일반적인 맥주 혹은 밝은 색의 맥주라는 의미로 통한다. 꿀꺽꿀꺽 넘어가는 부드러운 목넘김, 아주 옅고 은은한 몰트와 홉내음, 갈증이 해소되는 청량감 등이 페일 라거의 특징이다.

콜라는 한 번에 2리터 마시기가 벅찬데 이상하게도 페일 라거 맥주는 500ml 4잔을 연거푸 마셔도 부족하다. 마셔도 마셔도 질리지 않는 부드러움과 기분 좋은 목넘김, 청량함 덕분에 페일 라거는 현재 전 세계 맥주시장의 약 90%를 차지할 정도로 압도적인 사랑을 받고 있다. 마트에 가면 흔하게 볼 수 있는 맥주도 페일 라거 종류가 가장 많다. 산미구엘을 비롯해 버드와이저, 하이네켄, 칭따오, 아사히, 하이트, 카스 등 라거 맥주 브랜드는 셀 수조차 없다.

그러나 최근 크래프트맥주가 유행하면서 라거 맥주는 상대적으로 "심심하다. 밍밍하다. 개성이 없다"는 오명을 쓰고 있다. 이는 대부분의 사람들이 '라거' 맥주를 '페일 라거'로 동일시하기 때문이다. 라거 입장에서는 억울한 일이다. 심심하고 밍밍한 맛의 라거는 라거라는 큰 카테고리 안의 일부일 뿐, 전부가 아니기 때문이다. 라거도 에일만큼 다양한 스타일이 있으며 스타일에 따라 풍미가 깊고 때론 강렬하며 독특한 맛을 지니고 있다.

실제로 맥주에 대한 관심이 생기면 평소 마셔온 페일 라거 맥주는 한동안 멀리 하게 된다. 스타일에 따라 전혀 다른 맛을 내는 맥주들을 맛보다 보면 "그동안 어떻게 한 종류의 맥주만 마시고 살았나" 하는 생각까지 든다. 페일 라거가 따분하게 느껴진다면, 다채로운 라거의 세계로 눈을 돌려보자.

우리가 몰랐던 라거 맥주

라거의 기원

가볍고, 산뜻하며 갈증을 해소할 수 있는 페일 라거 맥주는 오늘날 지구촌 남녀노소 누구나 좋아하는 술이다. 최근 크래프트맥주의 인기로 '에일 맥주'에 대한 관심이 높아지고 있지만 페일 라거 맥주는 여전히 대세다. 페일 라거에 비하면 에일 맥주시장의 규모는 구멍가게 수준이다.

그러나 200여 년 전까지만 해도 상황은 정반대였다. 당시 맥주의 대세는 '에일'이었다. 이는 라거 맥주의 특성과 연관이 깊다. 라거 효모는 저온에서 왕성하게 활동한다. 냉장 기술이 없었던 과거에 라거 맥주는 추운 겨울철이나 동굴과 같은 온도가 낮은 장소에서 장기간의 숙성을 거쳐 제한적으로 만들어졌다. 유럽인은 상온에서 숙성되는 에일 맥주를 주로 마실 수밖에 없었다.

라거의 어원은 독일어로 '저장한다'는 뜻의 'Lagern'다. 이 단어가 맥주의 스타일을 총칭하는 단어가 된 것은 과거 독일에서 더운 여름철 맥주가 상하는 것을 방지하기 위해 서늘한 동굴이나 지하에 저장하던 풍습이 있었기 때문이다. 에일 맥주만 마시던 유럽에서 처음 라거 맥주가 탄생한 곳도 독일 바바리안(바이에른) 지방이다.

여기서 잠깐, 라거 맥주 기원을 이해하기 위해서는 '효모의 발견'에 대해 알아야 할 필요가 있다. 과거 사람들은 맥아즙을 술로 바꿔주는 효모의 존재에 대해 인지하지 못했다. 발효과정을 과학적으로 인식하지 못했기 때문이다. 그 시절 사람들은 그저 맥주가 되는 과정에 신(God)이 관여해서 맥아즙이 신비로운 액체로 변모하는 것으로만 알고 있었다. 인류가 효모의 존재를 밝혀내고, 효모를 본격적으로 배양할 수 있게 된 시기가 1800년대 이후이니, 만 년의 세월을 자랑하는 맥주의 오랜 역사에 떠올려본다면 효모가 '효모'

로 불리게 된 건 비교적 최근 일이라고 볼 수 있다.

효모의 존재를 모르던 과거 독일 사람들이 정확히 언제 처음 라거 맥주를 마시기 시작했는지 알 수 있는 기록은 없다. 다만 라거는 1300여 년 전, 뮌헨 근처의 수도사들이 에일 방식으로 맥주를 만들다가 우연히 발견한 것으로 추정된다. 당시 수도원은 깊은 산속에 자리하고 있었는데 맥주는 상하기 쉽기 때문에 서늘한 동굴 속에 저장했다. 온도가 낮아지면 숙성이나 부패에 관여하는 효모가 죽어 활동을 하지 않기 때문에 좀 더 오랫동안 품질을 유지할 수 있었다.

어느 날, 수도사들은 동굴 속에서 오래 숙성된 맥주가 이전과는 다르게 목넘김이 더욱 깔끔해지고 청량해졌다는 것을 깨달았다. 이는 낮은 온도에서도 죽지 않고 아래로 가라앉아 활동을 하는 효모, 즉 라거 효모가 활약한 결과였다. 하지만 효모가 뭔지 모르는 수도사들은 단지 "추운 동굴에 맥주를 오래 두면, 새로운 맥주로 변한다"라고만 생각했을 것이다. 어쨌든 '추운 곳에서 활발해지는 효모'는 수백년 후 '사카로미세스 파스토리아누스'라는, 에일 맥주 효모 '사카로미세스 세레비시아'에서 변종된 라거 효모임이 밝혀졌다. 이후 맥주용 효모를 배양할 수 있게 되면서 사람들은 라거 효모를 이용해 본격적으로 부드럽고 상쾌한 라거 맥주를 만들어 마시기 시작했다.

라거 맥주의 종류

라거 혁명의 첫 걸음, 비엔나 라거 Vienna Lager

'라거 맥주'를 머릿속에 떠올려보자. 밝은 황금빛에 풍성한 흰 거품이 수북한 이미지가 연상될 것이다. 하지만 처음부터 라거 맥주가 지금처럼 밝은 황금빛을 띠지는 못했다. 맥주의 색은 맥아를 구울 때 화력의 강도에 따라 달라진다. 과거 독일을 비롯한 유럽 대륙에서는 직접적인 열을 가해 맥아를 구웠기 때문에 맥주 색깔이 짙은 편이었다. 라거 방식으로 생산되는 맥주도 어두웠다.

그러나 바다 건너 영국인이 마시는 맥주는 유럽 대륙의 어두운 맥주보다 훨씬 밝았다. 당시 영국은 맥아에 간접적인 열을 가해 밝은 색 맥아를 만드는 기술로 맥주를 만들고 있었다. 1837년, 친구 사이인 독일 뮌헨의 슈파텐 양조장 아들 가브리엘 제들마이어 2세와

브루클린 브루어리

오스트리아 빈의 드레어 양조장 아들 안톤 드레허(Anton Dreher)는 영국을 방문해 밝은 맥아를 생산할 수 있는 기술을 습득했다. 드레어는 빈으로 돌아오자마자 영국식 밝은 맥아와 라거 효모를 결합한 새로운 맥주 양조를 시도했다. 살짝 볶은 맥아는 달콤하면서 고소한 풍미를 풍겼고, 라거 방식으로 숙성된 맥주는 깔끔함을 더해주었다. 오늘날 '비엔나 라거'로 불리는 이 맥주는 출시되자마자 유럽 전역에서 폭넓은 인기를 누렸다. 독일에서는 비엔나 라거의 영향을 받아 3월에 만들어 10월에 마시는 옥토버페스트 맥주(메르첸)가 탄생하기도 했다.

비엔나 라거의 인기는 오래가지 못했다. 이후 탄생한 필스너의 폭발적인 인기에 묻혀버렸기 때문이다. 그렇게 비엔나 라거는 유럽 일부 지역에서나 맛볼 수 있는 '비주류 스타일'로 굳혀지는 듯했다. 시간이 흘러 비엔나 라거에도 부활의 기회가 찾아왔다. 1980년대 미국의 1세대 크래프트맥주 회사인 보스턴의 '사무엘 아담스'가 비엔나 라거로 성공 신화를 쓴 것이다. 이후 '비엔나 라거'는 미국의 크래프트맥주 양조장이 정규 라인업으로 상시 생산하는 '메이저 맥주 스타일'로 자리매김했다. 비엔나 라거는 붉은 호박색을 띄는 맥주 색깔 때문에 엠버 라거(Amber Lager)로도 불린다.

브루클린 라거
Brooklyn Lager

양조장
브루클린 브루어리, 미국

ABV 5.2%

사무엘 아담스 보스턴 라거와 더불어 비엔나 라거의 양대산맥을 이루는 맥주. 맥아에서 오는 캐러멜 맛에 캐스케이드 등 미국 홉의 조화가 훌륭하다. 드라이호핑 과정을 거쳐 비엔나 라거 중에서도 홉 캐릭터가 강한 편이다.

필스너 우르켈 Pilsner Urquell	프리마 필스 Prima Pils	에비스 Yebisu
양조장 필젠스키 프레즈드로이, 체코	양조장 빅토리 브루잉 컴퍼니, 미국	양조장 삿포로맥주, 일본
ABV 4.4%	ABV 5.3%	ABV 5%
설명이 필요 없는 필스너의 클래식. 꿀과 꽃향이 어우러져 맥주를 벌컥벌컥 들이키게 만드는 마성의 술.	미국 크래프트맥주 회사 빅토리가 만드는 독일식 필스너. 독일 노블 홉에서 오는 새콤한 레몬향과 풀향, 약간의 단맛이 산뜻한 조화를 이룬다. 보통 가볍게 마시는 필스너도 "아주 맛있을 수 있다"라는 것을 일깨워주는 맥주.	일본을 대표하는 맥주회사 가운데 하나인 삿포로맥주에서 만드는 프리미엄 라거 맥주. 1890년에 출시되어 120년이 훌쩍 넘는 역사를 자랑한다. 목넘김이 부드럽고, 홉의 쌉쌀한 여운이 매력적이다.

황금빛 라거의 원형, 필스너 Pilsner

체코 맥주의 명성은 독일 맥주만큼이나 대단하다. 실제로 체코 사람들은 자국을 전 세계 맥주 소비량 1위 국가에 올려놓을 정도로 맥주 사랑이 대단하다. 맥주에 대한 자부심도 독일인 못지않다. 왜 그럴까? 체코가 오늘날 전 세계에서 가장 많이 팔리는 맥주 스타일인 '황금빛 라거' 필스너 맥주의 고향이기 때문이다. 필스너의 어원도 체코 보헤미아 지방의 작은 도시 '필젠'(Pilsen)이다. 필젠에서 만든 맥주라는 뜻이다.

사실 1830~40년대 필젠의 맥주는 맛없기로 악명 높았다. 당시 필젠에서 생산되는 지역 양조장들의 맥주 품질이 낮아 지역 펍들은 가까운 독일에서 맥주를 가져와 팔았다. 주민들은 맛없는 맥주를 견딜 수 없었다. 급기야 필젠 시청사 앞에 모여 수십 통의 맥주를 "쓰레기 같다"며 하수구에 버린 뒤 맛있는 맥주를 위해 의기투합했다.

양조사와 주민들은 새 양조장, '필젠스키 프레즈드로이'를 세워 다시 시작해보기로 뜻을 모았다. 이들은 독일 바이에른 출신의 유능한 양조사 '요제프 그롤'(Josef Groll)을 모셔왔다. 그롤은 필젠 지역 특유의 미네랄 함량이 적은 연수를 사용해 지역 맥아와 라거 효모, 지역 홉인 사츠 홉을 결합한 새로운 맥주를 만들었다. 이 맥주가 바로 그 유명한 황금빛 라거 '필스너'다.

보기 좋은 떡이 맛도 좋았다. 순백의 거품이 이는 황금빛 외관의 맥주는 무척 맛있었다. 허브와 꽃, 꿀 아로마와 쌉쌀한 뒷맛의 조화는 환상적이었다. 필스너는 곧 유럽 전역으로 퍼져 나가며 폭발적인 인기를 끌었다. 필스너의 영향을 받아 독일에서도 밝은 금색을 띠는 헬레스 라거가 나왔고, 독일의 지역 홉을 사용한 '저먼 필스너'도 연이어 탄생했다. 이후 필스너 열풍은 체코, 독일뿐만 아니라 전 세계로 퍼져 나갔다. 필젠의 원조 필스너인 '필스너 우르켈'은 모르는 사람이 없는 맥주 브랜드가 되었다.

필스너 맥주를 따르고 있는 바텐더, 필젠스키 프레즈드로이 양조장

대기업 라거 맥주

'필스너'와 '페일 라거'의 차이점에 대해 물어보는 사람들이 많다. 굳이 세분화하면, 페일 라거라는 카테고리 안에 필스너가 들어가 있다고 보면 된다. 필스너 외에도 페일 라거에는 '미국식 부가물 맥주'(American Adjunt Lager)라고 불리는 또 다른 스타일이 있다.

미국식 부가물 맥주는 필스너 맥주와 육안으로는 비슷하지만 맛에서는 명확한 차이가 있다. 맥아와 홉, 효모로만 이루어진 필스너는 부가물 맥주보다 홉의 향미가 더 강하고 쓴 편이다. 맥아 이외에 옥수수, 쌀, 전분 등을 섞은 부가물 맥주는 필스너보다 싱거운 맛이 난다. 홉의 양도 적어서 특유의 홉향과 쓴맛도 약하다. 좋게 말하면 마시기 편하고, 나쁘게 말하면 물처럼 밍밍하다.

부가물 맥주가 대기업 라거 맥주로도 불리는 건 오늘날 대규모 맥주회사에서 생산하는 맥주 스타일이 대부분 부가물 맥주이기 때문이다. 또 부가물 맥주 앞에 '미국식'을 붙이는 이유는 미국에서 처음 만들어져 전 세계로 퍼진 탓이다.

'이민자들의 나라'인 미국에서는 과거 독일 이민자들이 양조업을 주로 했다. 이들은 독일에서 발달한 스타일인 라거 맥주 위주로 양조를 했는데, 당시 미국에는 보리가

버드와이저 Budweiser

양조장 앤호이저 부시-인베브, 미국

ABV 5.0%

대표적인 미국식 부가물 라거. 쓴맛이 적고 마시기 편한 것이 특징이다.

Beer
Plus

국산 맥주는 정말 맛이 없을까?

한국의 대기업 맥주를 비난할 때 꼭 언급되는 다니엘 튜더 전 <이코노미스트> 서울 특파원의 2012년 칼럼 "한국 맥주는 대동강 맥주보다 맛이 없다"는 이제 인용하기조차 지겹다.

이 칼럼이 나온 이후 국내 대기업 맥주 맛에 대한 비판은 절정을 이뤘고, 이는 2년 뒤 크래프트맥주 열풍으로 이어졌다. 하지만 "국산 맥주는 맛없다"는 인식은 개선되지 않고 있다. 여기서 국산 맥주란, 소규모 양조장 맥주가 아니라 하이트진로, 오비(OB) 등 '대기업 맥주'를 뜻한다.

크래프트맥주가 빠르게 대중화되고 있다고는 하나 집 근처 슈퍼나 편의점에 가면 여전히 하이트, 카스가 맥주 코너를 장악하고 있기 때문에 어쩔 수 없이 '국맥'을 먹어야 하는 상황에 놓인다. 하지만 '맥주의 맛'을 알게 된 순간 '국맥'에 선뜻 손이 가지 않게 됐다는 사람들이 많아졌다. 물론 해외 맥주가 물밀듯이 쏟아져 들어오고 국내에서도 소규모 맥주 양조장이 성행하면서 소비자의 '맥주 고르는 눈'이 높아진 것도 무시할 수 없다. 과연 국산맥주는 진짜 맛이 없는 걸까?

한국 맥주는 맛이 없는 것이 아니라, 다양성이 부족한 것이다. 맥주의 종류는 수백 가지에 달하는데, 그동안 한국 대기업은 '부가물 라거' 스타일 맥주 생산에만 주력해왔다. 전 세계에서 가장 대중적인 입맛을 지향하는 부가물 라거는 원래 '심심하고 밍밍한 맛'으로 먹는 맥주다. "국산맥주는 밍밍하다"는 비판이 있다면 그것은 대기업 맥주들이 거의 '부가물 라거'이기 때문이다.

'국산맥주'의 품질이 해외 대기업 라거 맥주에 비해 크게 뒤떨어지지는 편은 아니다. 그동안 '국맥'이 맛이 없다는 소리가 나오자 맥주를 만드는 공법이 원인으로 지목되기도 했는데, 공법은 맥주를 만드는 방법 중 하나일 뿐 맛과 직결되는 요소는 아니다. 한국 대기업 주류회사들은 주로 '하이그래비티 공법'(맥주의 도수를 높인 뒤 물을 타서 만드는 방식)으로 맥주를 만드는데 아사히나 밀러, 버드와이저 등 세계적인 맥주회사도 모두 같은 방식으로 맥주를 생산하고 있다. 물론 한국의 대기업 맥주는 여전히 과점 상태이며, 소비 시장의 변화에 따라 다양한 스타일의 맥주를 제조하거나 품질을 더욱 개선해야 한다는 등 나름의 과제가 있다. 그러나 시원한 라거스타일의 맥주가 먹고 싶다면 '국맥'을 마시는 것이 '가성비(가격대비성능)' 측면에서는 탁월한 선택이 될 수 있다. 다만 낮은 온도로 서빙되는 라거 맥주는 신선함과 관리가 생명이다. 맛있는 '국산 생맥주'를 먹고 싶다면 손님이 많아 테이블 회전율이 높은 가게에서 먹는 것이 좋다. 아무래도 맥주 케그를 자주 교체할 가능성이 높다.

편의점에서 맥주를 구매한다면, 캔 아래에 써 있는 맥주 제조일을 유심히 봐야 한다. 한 달 이내에 생산된 맥주가 가장 맛있다. 라거는 보관을 오래할수록 맛이 변질될 확률이 높다. 또 하나, 호프집의 맥주 보관 상태도 확인해야 한다. 평소 상온에 맥주를 두다가 순간 냉각기를 사용해 서빙하는 것보다는 처음부터 냉장 보관한 맥주가 더 맛있는 편이다.

미국식 부가물 라거에 속하는 국내 대기업 OB맥주의 '카스' (출처 : bepc.co.kr)

매우 귀했다. 대부분 비싼 수입 맥아에 의존해온 미국 양조장들은 비용 절감을 위해 미국의 가장 흔한 곡물인 옥수수와 쌀을 맥아와 섞어 만들기 시작했다. 그 결과 숙성 시간이 단축됐고, 맥주 색은 훨씬 옅어졌으며, 맛은 필스너보다 훨씬 싱겁고 밍밍해졌다.

제2차 세계대전 이후 공장식 대량 생산 방식이 일반화되고, 미국 경제가 호황을 이루면서 부가물 맥주시장은 더욱 커졌다. 부가물 맥주는 대량 생산에 꼭 맞는 스타일이었다. 사람들은 캔으로 나오는 부가물 라거 맥주를 슈퍼에서 편하게 구입해 소파에 앉아 TV를 보면서 마셨다. 물처럼 술술 들어가는 '마시기 편한' 부가물 라거의 무난한 맥주 맛은 맥주를 잘 즐기지 않았던 여성과 남미나 아프리카 출신 이민자들의 입맛까지 사로잡아 곧 전 세계 맥주의 '표준'이 됐다. 한국에서 가장 많이 팔리는 카스, 하이트 등의 대기업 생산 맥주도 미국식 부가물 라거다. 다만 하이트맥주의 맥스와 롯데주류의 클라우드는 부가물이 들어가지 않은 100% 맥아 맥주에 속한다.

부가물 라거는 대부분 대규모 공장에서 엄격한 품질 관리를 통해 생산되기 때문에 특별히 맛이 뛰어나거나 뒤처지는 맥주를 고르기가 힘들다. 혹자는 그래도 "한국 맥주회사의 부가물 라거보다는 수입산이 낫지 않느냐"고 반문하기도 하는데, 애초에 '풍미가 없어야 하는' 부가물 라거를 놓고 국가별, 브랜드별로 맛을 비교하는 것은 의미 없다. 다만 신선한 맥주가 맛있다는 것은 진리이니만큼 맛있는 부가물 라거를 마시고 싶다면 가장 최근에 생산된 제품을 선택하는 것이 좋다.

복 Bock

술꾼들은 겨울이 되면 도수가 높은 술을 선호한다. 고도수 술을 마시면 적은 양으로도 몸이 빨리 따뜻해지기 때문이다. 이러한 이유로 다른 종류의 술보다 도수가 낮은 맥주는 '여름을 위한 술'이라고 인식되는데 이는 잘못된 편견이다. 이러한 생각을 갖고 있는 사람이 주변에 있다면 알코올 도수가 10도에 가까운 독일의 '복' 맥주를 권해보자. 복 맥주는 기본 알코올 도수 6.5% 이상의 맥주에 붙여지는 이름이다.

복 맥주는 진한 몰트 풍미와 묵직한 바디감, 높은 알코올 도수가 특징으로, 색깔은 구리색이나 밝은 석류색을 띤다.

아인벡 지방에서 시작된 복 (Bock)

복 맥주는 독일 니더작센주의 소도시 '아인벡' 지방에서 처음 생산된 맥주다. '복'이라는 이름도 아인벡 맥주가 남부 뮌헨으로 전해지면서 남부지방 사투리의 영향으로 '아인벡'이 '복'으로 바뀐 것에서 유래한다. 14세기 아인벡은 맥주 맛있게 만들기로 소문난 지역이었다. 홉 대신 '그루이트'라는 허

벨텐부르거 클로스터 아삼 복 Weltenburger Kloster Asam Bock	양조장 벨텐부르거, 독일	ABV 6.9%

세계에서 가장 오래된 수도원으로 알려진 벨텐부르거 양조장의 복. 복 특유의 강한 몰티함이 커피 향의 밸런스가 매우 뛰어난 것이 특징으로 도수가 높지만 알코올 부즈 없이 부드럽게 넘어간다.

브과 풀을 사용해 맥주를 만들던 당시 아인벡에서는 일찌감치 홉을 받아들여 맥주 원료로 사용했기 때문이다.

맥아가 듬뿍 들어간 '복' 맥주는 처음에는 에일 방식으로 만들어졌다. 달콤하고 풍부한 맥아 맛을 자랑하는 복 맥주는 특히 뮌헨 지역에서 굉장한 인기를 끌었다. 복 맥주를 만들던 아인벡 양조장의 브루마스터 엘리아스 피흘러는 뮌헨에서 복 맥주를 만들어 달라는 제안을 받고 뮌헨에서 아인벡 스타일 맥주를 만드는 펍을 열었다. 그는 아인벡 맥주를 바바리안 지역 특유의 라거 맥주 방식으로 발전시켜 오늘날의 '복' 맥주를 완성했다.

도펠(Doppel) 복

복 맥주보다 알코올 도수를 더욱 높인 것이 '도펠(Doppel) 복'이다. 영어로 더블(Double)이라는 뜻의 도펠 복은 특히 수도사들이 사순절 기간 단식을 할 때 생명을 유지하기 위해 마신 맥주로 유명하다. 맥주의 도수가 높을수록 칼로리도 높기 때문에 도펠 복 한 잔이면 몸을 충분히 지탱할 수 있었다. 수도사들의 영양 보충용 맥주였던 도펠 복은

슐렌케를라 라우흐비어 메르첸 Schlenkerla Rauchbier Marzen	양조장 슐렌케를라, 독일	ABV 5.1%

밤베르크 지방의 명물인 라우흐 맥주를 생산하는 슐렌케를라 양조장의 대표 맥주. 맥아를 밤나무에 훈연해 진한 베이컨 풍미가 일품이다. 메르첸뿐만 아니라 훈연한 맥아로 복, 바이젠 등의 다양한 스타일을 생산하니 종류별로 다 마셔보자.

매우 묵직한 바디감에 일반 복보다 색깔이 좀 더 어두운 편이다. 맥아의 달콤함도 훨씬 진하며 풍부한 캐러멜 향이 입안을 가득 메운다. 독일인은 추운 겨울날 추위를 이기기 위해 복 맥주를 마신다.

뽀할라 웨에
Põhjala Öö

양조장 뽀할라, 에스토니아

ABV 10.5%

4명의 에스토니아 '맥주덕후'들과 영국 스코틀랜드 브루독(Brewdog) 출신 양조사가 의기투합해 2011년 수도 탈린에 설립한 뽀할라 양조장의 시그니처 맥주. 달콤한 흑설탕 시럽과 감초, 커피, 다크초콜릿, 검붉은 과실향이 풍부한 발틱 포터.

옥토버페스트, 독일 뮌헨

기타 라거 맥주

① 라우흐 맥주 Rauchbier

독일 밤베르크 지방의 전통 맥주. 훈연향이 나는 매우 독특한 라거 맥주다. 바비큐, 베이컨 등에서 나는 향이 라우흐 맥주에서도 난다. 밤나무 장작에 맥아를 직화해 구웠기 때문에 맥주에 기분 좋은 훈제향이 벤다. 취향이 갈리는 맥주이지만 라우흐 맥주의 훈연향에 한번 매료되면 쉽게 빠져나올 수 없다.

② 발틱 포터 Baltic Porter

영국식 흑맥주인 포터가 스칸디나비아, 폴란드, 러시아 등 북유럽 발트해 연안 국가로 수출되면서 발전한 맥주 스타일이다.

포터가 페일 에일, 페일 라거의 인기에 밀려 영국 양조장에서 더 이상 생산되지 않자 발트해 연안 국가는 자신들만의 방식으로 포터를 만들기 시작했다. 추운 날씨 때문에 에일 방식의 영국 포터와 달리 라거 효모를 사용했으나 기본적으로 포터가 지닌 속성은 그대로 유지했다. 일반 포터보다 도수가 2배가량 높은 편이다. 검붉은 과일 맛, 초콜릿, 커피 맛 등이 은은하게 나타난다.

다양한 맥주 스타일

LARGER

페일 라거 | 라이트 라거 | 필스너 | 도르트문트 | 뮌헨 헬레스 | 엠버 라거

몰트 리쿼 | 비엔나 라거 | 옥토버페스트 | 라우흐 비어 | 슈바르츠 비어 | 뮌헨 둥켈

복 | 트래디셔널 복 | 마이 복 | 도펠 복 | 아이스 복 | 다크 라거

ALE

윗 비어 | 페일 에일 | IPA | 비터 | 엠버 에일 | 아이리시 레드 에일

발리 와인 | 브라운 에일 | 마일드 에일 | 스타우트 | 포터 | 스코치 에일

올드 에일 | 벨지안 에일 | 블론드 에일 | 세종 | 두벨 | 트리펠

LAMBIC

람빅 | 괴즈 | 오드 괴즈 | 파로 | 프루트 람빅 | 크리크

한눈에 보는
맥주 스타일
BEER STYLE MAP
BIERE DE GARDE
FLANDERS RED ALE
BELGIAN STRONG ALE
FRUIT
SAISON
BELGIAN PALE ALE
BELGIAN DARK ALE
OLD BRUIN
BELGIAN ALE
WITBIER
BIERE DE CHAMPAGNE
DUBBEL
AMERICAN WHEET ALE
UNBLENDED
LAMBIC
GUESE
RED ALE
ROGGENBIER
FARO
BLONDE ALE
AMBER ALE
AMERICAL WILD ALE
ALE
BROWN ALE
ENGLISH STRONG ALE
APA
PALE ALE
IRISH ALE
OLD ALE
STRONG PALE ALE
MILD ALE
AMERICAN STRONG ALE
AMERICAN PORTER
SCOTCH ALE
IPA
PORTER/ STOUT
BARLEY WINE
BITTER
DOUBLE IPA
AMERICAN STOUT
LIGHT ALE
IRISH STOUT
IMPERIAL STOUT
BLACK IPA
PREMIUM BITTER

KRISTALL-WEIZEN
BERLINER WEISSE
DOPPEL-BOCK
EISBOCK
DUNKLER BOCK
WEISSBIER
DUNKEL-WEIZEN
VEINNA LAGER
BOCK
MUNICH HELLES
TRIPEL
MAIBOCK/HELLES
KELLER BIER
MUNICH LAGER
ALTBIER
GERMAN LAGER
DORTMUNDER
KOLSH
MARZEN
SCHWARZBIER
MUNICH DUNKEL
RAUCHBIER
LAGER
EUROPEAN LAGER
EUROPEAN PALE LAGER
EUROPEAN DARK LAGER
EUROPEAN STRONG LAGER
AMERICAN PALE LAGER
AMERICAN IMPERIAL PILSNER
PILSNER
GERMAN PILSNER
CALIFORNIA COMMON
AMERICAN LAGER
BOHEMIAN PILSNER
AMERICAN PILSNER
AMERICAN DARK AMBER
LIGHT BEER
MALT LIQUOR
ADJUNCT LAGER
AMERICAN PILSNER
ICE BEER
DRY BEER

2

에일 맥주의 세계

Ale

맥주의 원형, 에일

잠시 시간을 되돌려 보자. 인류가 빵에 물을 적셔 맥주를 만들어 마셨던 그때로 말이다. 냉장 기술이 없었던 당시 맥주는 당연히 상온에서 발효되었을 것이다. 또 효모를 배양하지 못했을 테니 공기 중에 떠다니는 각종 균들이 '빵죽'을 술로 만들어주었을 것이다.

이 맥주의 스타일은 무엇일까? 바로 에일 맥주다. 에일 맥주의 발효에 관여하는 '에일 효모'는 낮은 온도에서 활동하길 좋아하는 라거 효모와 달리, 15~24도에서 가장 활발하게 활동한다. 고온에서 활동하기에 숙성되는 시간도 빨라 2~4일이면 발효가 끝나는 놀라운 속도를 자랑한다. 또 에일 효모는 활동을 하면서 위로 떠오르는 성질을 갖고 있다. 이에 에일 맥주를 '상면발효'(上面醱酵, top fermentation) 맥주라고 부른다. 에일은 라거보다 청량감은 덜하지만, 입안을 채우는 느낌(마우스필, mouthfeel)은 더 묵직하고 부드러운 특징을 갖고 있다.

라거 맥주가 19세기 이후에나 대중화됐다는 사실을 떠올려 보면, 인류가 얼마나 오랜 시간 에일 맥주를 마시고 즐겨왔는지 새삼 놀라게 된다. 에일 맥주의 기나긴 역사만큼 에일의 종류 또한 매우 다양하다. 에일 맥주는 낮은 온도에서 오래 숙성해야 하는 라거 맥주보다 양조가 용이하며 응용 범위도 넓다. 특히 에일 맥주는 1980년대 이후 미국에서 홈브루잉과 크래프트 맥주 열풍이 불면서 최근 더욱 각광받고 있다. 에일의 세계는 무궁무진하지만 맥주의 원형인 에일 맥주의 대표적인 스타일을 숙지하고 있다면, 새로운 장르의 맥주 스타일을 접해도 금방 이해할 수 있을 것이다.

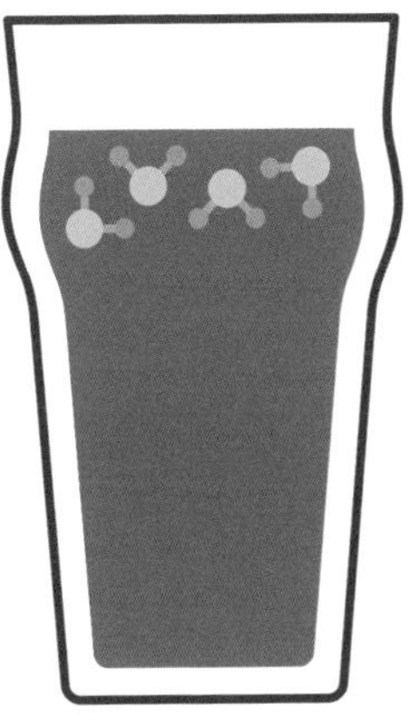

라거 효모보다 높은 온도에서 왕성하게 활동하는 에일 효모. 위로 떠오르는 성질을 갖고 있다.

대표적인 에일 맥주

페일 에일과 인디아 페일 에일(IPA)

페일 에일 Pale Ale

페일 에일(Pale Ale)의 '페일'은 '페일 라거'에서 페일과 같다. 밝은 색상을 띠는 일반적인 에일 맥주라는 의미로 이해하면 된다. '페일 에일'은 특히 크래프트맥주 열풍이 불면서 전 세계적으로 폭넓은 인기를 얻은 맥주다. 현재 페일 에일을 만들지 않는 크래프트맥주 양조장은 거의 없다. 맥주에 관심이 없던 사람도 페일 에일이나 인디아 페일 에일(IPA)을 마시고 크래프트맥주에 입문하기도 한다.

페일 에일의 고향은 영국이다. 17세기 이전까지만 해도 영국을 비롯한 유럽 대륙에서는 석탄이나 나무로 직접 가열하는 방식으로 맥아를 구웠기 때문에 맥아는 검게 그을렸고, 당연히 맥주의 색깔도 어두웠다. 영국은 맥아 기술이 가장 발전한 국가였다. 유럽 국가 가운데 처음으로 맥아를 구울 때 석탄에서 유황 성분을 제거한 코크스(cokes)를 연료로 사용했다. 코크스로 구운 맥아는 이전보다 훨씬 색이 훨씬 밝았다. 이 맥주를 영국인들은 '밝은 맥주'라는 의미로 페일 에일이라고 불렀다. 특히 영국 중부의 버턴 온 트렌트(Burton on Trent) 양조장은 황산염을 많이 함유한 지역의 물을 사용해, 홉의 쌉쌀함을 살리는 페일 에일을 생산하여 엄청난 성공을 거두었다. 이후 버턴의 페일 에일은 정통 '페일 에일'의 원조이자 기준이 됐다. 영국식 페일 에일을 '비터'(Bitter)라고 부르기도 한다.

영국의 페일 에일은 미국으로 건너가 크래프트맥주 '히트작' 가운데 하나인 아메리칸 페일 에일(American Pale Ale)이 되었다. 미국식 페일 에일은 과일향이 풍부하고 쓴맛이 강한 미국산 홉을 사용해 달콤쌉싸름한 홉 캐릭터가 더욱 강하다. 한국 크래프트맥주 양조장에서 생산하는 페일 에일도 대부분 미국식을 따르고 있다.

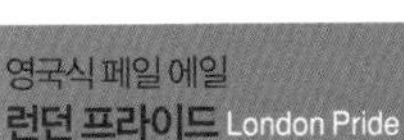

영국식 페일 에일
런던 프라이드 London Pride

양조장 풀러스 브루어리, 영국

ABV 4.7%

영국식 페일 에일의 대표 주자.
영국 홉 특유의 흙내음과 은은한 풀향기와 맥아에서 오는 캐러멜, 비스킷, 견과류 등의 풍미와 잘 어우러져 누구나 부담 없이 즐길 수 있다. 반드시 마셔봐야 하는 영국의 국민 에일 맥주.

미국식 페일 에일
수도수 Pseudo Sue

양조장 토플링 골리앗 브루어리, 미국

ABV 5.2%

각기 다른 종류의 여러 홉들을 섞는 일반 페일 에일과 달리 한 종류(시트라)의 홉을 넣은 싱글홉(single hop) 페일 에일로, 자몽, 오렌지, 망고 등의 과일향이 폭발한다. 맥아의 달콤함과 홉의 쓴맛으로 마무리되는 완벽한 맛을 자랑한다. 현존하는 미국 최고의 페일 에일 가운데 하나.

인디아 페일 에일 IPA(India Pale Ale)

인디아 페일 에일(IPA)은 한마디로 페일 에일에 홉을 더 많이 넣은 맥주다. 앞서 2부에서 언급한, 크래프트맥주 열풍을 불러일으킨 주인공이다. 화려한 홉 아로마와 쓴맛의 여운을 남기는 IPA의 인기는 크래프트맥주 초창기부터 지금까지 변함없다.

맥주 이름에 인도를 뜻하는 인디아(India)가 붙은 것은 IPA가 제국주의 시절, 인도를 지배했던 영국인들이 인도에서도 자국에서 마셨던 맥주를 즐기기 위해 만들어진 맥주이기 때문이다.

당시 영국에서 인도를 가려면 바닷길로 적도를 두 번이나 지나야 했다. 가뜩이나 상하기 쉬운 술인 맥주는 극심한 온도 변화를 겪는 통에 배 위에서 맛이 빠르게 변질됐다. 이 소식을 들은 런던의 호지슨(Hodgson)이라는 양조업자는 기존 '페일 에일' 맥주에 다량의 홉을 넣은 맥주를 만들어 인도로 보냈다. 방부제 역할을 하는 홉을 많이 넣으면, 긴 항해에도 견딜 수 있을 것이라는 판단에서였다. 인도에 도착해 이 맥주를 마셔본 영국인들은 오히려 풍미가 깊어진 호지슨의 맥주에 감탄했고, 차츰 입소문이 퍼지면서 IPA는 큰 인기를 누리며 영국의 새로운 맥주 장르로 안착했다.

스톤 인조이 바이 IPA
Stone Enjoy By IPA

양조장 스톤 브루잉 컴퍼니, 미국

ABV 9.4%

제조일로부터 37일 안에 마셔야 한다는 조건이 붙은 IPA. 금방 시들어 시간이 지나면 고유의 성질을 잃어버리는 홉의 특성을 반영해 양조장이 맥주가 가장 맛있는 기한을 정해두었다. 이 때문에 소비자가 해당 날짜 안에만 맥주를 마신다면 무척 신선하게 즐길 수 있다. 새콤한 과일 및 꽃 향, 망고 등의 다양한 맛과 풍미가 엄청나다. 배가 아닌 항공기로 운송하기 때문에 가격이 비싼 것이 단점이다.

그러나 IPA 역시 훗날 페일 라거의 아성에 눌려 사람들 기억 속에서 서서히 잊혀졌다. 사라질 뻔한 IPA를 다시 무대의 주인공으로 끌어올린 이들은 역시 미국의 크래프트맥주 양조사들이다. 이들이 감귤류, 열대과일향 등을 머금은 미국산 홉을 쏟아부어 만든 미국식 IPA에 미국인뿐만 아니라 전 세계 맥주 팬들이 열광했다. 미국식 IPA가 1990년대 크래프트맥주 업계를 뒤흔들자 양조장 사이에서는 "누가 홉을 더 많이 넣은 IPA를 만드는가" 경쟁을 하면서 더 자극적인 IPA 만들기가 유행처럼 번지기도 했다. 지금은 예전처럼 무분별한 '홉 경쟁'을 하지는 않지만 여전히 맥주덕후 가운데서도 특별히 '홉'이 많이 들어간 맥주를 사랑하는 이들을 '홉 덕후'라고 따로 지칭해 부르기도 할 정도로 IPA를 좋아하는 팬들이 많다. 한국에서도 IPA를 만들지 않는 크래프트맥주 양조장이 거의 없을 정도로 이제는 세계적인 인지도를 갖춘 맥주 스타일로 굳어졌다.

흑맥주, 포터와 스타우트

포터(Porter)와 스타우트(Stout)의 시작

포터(Porter)와 스타우트(Stout)는 검은 맥아를 사용하여 에일 방식으로 만든 대표적인 '흑맥주'다. 국내 소비자들은 1991년 하이트가 내놓은 '스타우트'라는 이름의 맥주 덕분에 '포터'보다는 '스타우트'에 더 친숙할 것이다. 그러나 하이트의 스타우트는 강한 불에 구운 맥아를 '라거' 방식으로 발효했기 때문에 에일에 속하는 스타우트가 아니라 '다크(Dark) 라거'에 속한다. 스타우트는 포터가 나온 이후 생겨난 후속작이지만, 두 스타일은 동일 스타일이라고 봐도 무방할 정도로 흡사하다. 커피와 초콜릿 향이 지배적이며 음식을 만들 때 간장을 애용하는 한국인들에게는 진한 '간장'의 뉘앙스가 느껴지기도 한다.

'포터'의 유래도 역시 영국이다. 1700년대, 런던 인근 항구에서 배에 실린 짐을 시내까지 운송하는 일을 했던 '짐꾼'들은 포터 맥주를 마시며 고단한 하루 일과를 마무리했다. 이동을 한다는 의미를 가진 포터(Porter)라는 단어는 '짐꾼'을 뜻하기도 하는데, 포터는 당시 런던의 짐꾼들이 즐겨 마신 술을 가리키는 은어였다가 공식적인 맥주 스타일 명칭으로 굳어졌다. 이후 포터 중에서도 좀 더 독하고 어두운 '스타우트 포터'가 나왔는데, 스타우트 포터는 곧 포터라는 말을 떼버리고 독립했다. 포터와 스타우트의 차이점을 굳이 나누자면 스타우트는 포터보다 더 묵직하고 씁쌀한 맥주를 뜻한다. 포터와 스타우트의 차이를 두고 양조업계에서는 갑론을박이 있지만, 사람마다 기준이 다르고 구분하기도 애매하다.

임페리얼 스타우트 (Imperial Stout)

'임페리얼 스타우트'(Imperial Stout)라는 장르도 있다. 맥주 스타일 앞에 '임페리얼'이 붙으면 도수가 더 높고 풍미가 강렬한 맥주를 뜻한다. 즉 임페리얼 스타우트는 일반 스타우트보다 알코올 도수가 높은 것이다. 맥주라고 얕보고 임페리얼 스타우트를 많이 마셨다가 감당하지 못하는 상태가 되는 이들을 여럿 봤으니 이 장르의 맥주를 마실 땐 천천히 한 모금씩 음미하며 즐겨야 한다.

임페리얼 스타우트는 버번 위스키를 숙성시킨 오크통에서 한 번 더 숙성시키기도 하는데 이를 '버번 배럴 스타우트'라고 부른다.

포터

풀러스 런던 포터 Fuller's London Porter

양조장 풀러스 브루어리, 영국

ABV 5.5%

영국식 포터의 클래식. 은은한 커피와 초콜릿 향에 약간의 캐러멜 단맛이 난다. 묵직한 스타우트에 비해 바디감이 비교적 가벼운 편으로, 음식이나 디저트 등에 곁들여 마셔도 부담이 없다.

스타우트

KBS Founders KBS

양조장 파운더스 브루어리, 미국

ABV 11.8%

맥주 이름이 한국의 공영방송(KBS) 이름과 같아 한국 '맥덕'들 사이에서 '한국방송공사' 맥주로 통한다. 스타우트를 버번 위스키 오크통에 숙성시켰다. 초콜릿과 커피, 버번에서 오는 달콤한 바닐라향의 조화와 마치 비단처럼 부드럽고 끈적이는 질감이 매력적인 임페리얼 스타우트계의 끝판왕.

Beer
Plus

임페리얼 스타우트 : 최순실 맥주

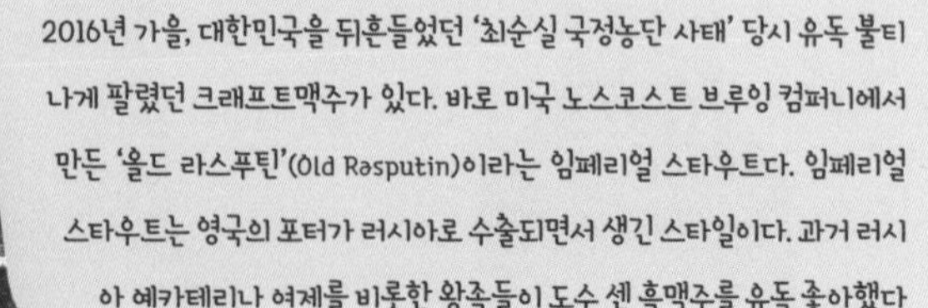

2016년 가을, 대한민국을 뒤흔들었던 '최순실 국정농단 사태' 당시 유독 불티나게 팔렸던 크래프트맥주가 있다. 바로 미국 노스코스트 브루잉 컴퍼니에서 만든 '올드 라스푸틴'(Old Rasputin)이라는 임페리얼 스타우트다. 임페리얼 스타우트는 영국의 포터가 러시아로 수출되면서 생긴 스타일이다. 과거 러시아 예카테리나 여제를 비롯한 왕족들이 도수 센 흑맥주를 유독 좋아했다는 데서 유래되어 '러시안 임페리얼 스타우트'라고 불리기도 한다.

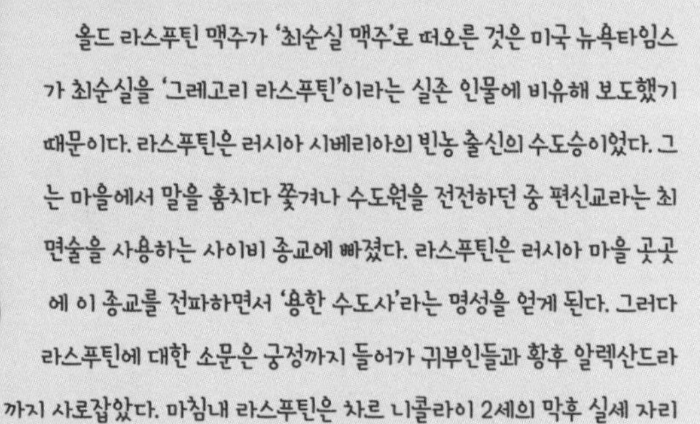

올드 라스푸틴 맥주가 '최순실 맥주'로 떠오른 것은 미국 뉴욕타임스가 최순실을 '그레고리 라스푸틴'이라는 실존 인물에 비유해 보도했기 때문이다. 라스푸틴은 러시아 시베리아의 빈농 출신의 수도승이었다. 그는 마을에서 말을 훔치다 쫓겨나 수도원을 전전하던 중 편신교라는 최면술을 사용하는 사이비 종교에 빠졌다. 라스푸틴은 러시아 마을 곳곳에 이 종교를 전파하면서 '용한 수도사'라는 명성을 얻게 된다. 그러다 라스푸틴에 대한 소문은 궁정까지 들어가 귀부인들과 황후 알렉산드라까지 사로잡았다. 마침내 라스푸틴은 차르 니콜라이 2세의 막후 실세 자리에 올라 2년간 온갖 전횡을 일삼았고, 그 결과 러시아 로마노프 왕조는 끝내 몰락하고 만다. 우리가 겪은 일과 많이 비슷하다. 실제로 올드 라스푸틴이 '최순실 맥주'로 알려지자 당시 국내 수입됐던 올드 라스푸틴은 '완판'을 기록하기도 했다.

역사에 길이 악명을 떨친 라스푸틴과는 달리 맥주 '올드 라스푸틴'은 각종 맥주 대회 수상을 13번이나 한, 아주 맛있고 훌륭한 맥주로 유명하다. 스타우트의 특성상 올드 라스푸틴은 무거운 바디감을 지녔다. 색깔은 석탄처럼 검고, 풍부한 에스프레소와 초콜릿향, 약간의 바닐라향도 올라온다. 한 모금 마시면 진득하고 부드러운 느낌이 입안을 가득 채우는데, 마치 폭신한 베개에 얼굴을 묻은 기분도 든다. 도수가 센 편인 데다 가볍게 벌컥벌컥 마시는 맥주가 아니다 보니 한 잔 앞에 놓고 한 모금씩 천천히 음미하면서 친구와 이런저런 대화를 나누기에 좋은 맥주다. 쌀쌀한 날씨에 몸을 따뜻하게 데워주는 '윈터 워머'(Winter Warmer)로도 제격이다.

밀맥주, 화이트 에일(White Ale)

독일과 벨기에를 중심으로 발달한 밀맥주는 보리와 밀을 50%씩 섞어서 만든 맥주다. 밀은 맥주의 질감을 부드럽게 하고, 풍성한 거품을 낼 수 있도록 도와주는 역할을 한다. 특유의 부드러움과 밀맥주 효모에서 나오는 달콤함, 화사한 향 덕분에 밀맥주는 맥주를 별로 즐기지 않는 여성에게 권하는 대표적인 맥주 스타일로 꼽히기도 한다. 경험상 주변 지인들이 맥주를 좋아하게 된 계기가 크게 두 부류로 나뉘는데, 각각 IPA와 밀맥주를 마신 경우였다. IPA가 강렬하고 화려한 맛으로 술꾼들의 마음을 여는 술이라면 밀맥주는 한없이 부드러워 폭넓은 인기를 자랑한다.

독일 바이에른식 밀맥주, 헤페바이젠 (Hefeweizen)

바나나우유를 좋아하는 사람이라면, 독일 바이에른식 밀맥주인 '헤페바이젠'(Hefeweizen)을 추천한다. '헤페'(Hefe)는 독일어로 효모라는 뜻이고, '바이젠'(Weizen)은 밀맥주를 의미한다.

바이젠
아잉거 브로바이스 Ayinger Brauweisse

양조장 아잉거 브루어리, 독일

ABV 5.1%

달콤한 바나나와 풍선껌, 빵, 허브, 향신료 향이 가득하고 기본에 충실한 전형적인 독일식 헤페바이젠. 가벼운 바디감에 청량감이 좋아 남녀노소 누구나 좋아한다.

한마디로, 효모의 특성이 살아있는 밀맥주라는 뜻이다. 양조과정에서 효모를 거르지 않기 때문에 효모가 병에서 살아 숨쉬고 있다. 헤페바이젠을 바나나우유에 비유한 건 바이젠 효모에서 특유의 바나나, 풍선껌, 바닐라 같은 단맛이 우러나오기 때문이다. 헤페바이젠은 독일 남부에서 탄생했지만, 오늘날 전 세계 양조장에서 만들어질 정도로 대중적인 맥주 스타일이다. '바이젠' 혹은 '바이스 비어'(Weissbier)라고도 부른다.

벨기에식 밀맥주, 벨지안 화이트 (Belgian White)

벨기에식 밀맥주는 '윗비어'(Wit Beer) 혹은 '벨지안 화이트'(Belgian White)라고 한다. 벨지안 화이트는 다양한 부재료를 쓴다는 점에서 독일식 밀맥주와는 확연한 차이가 있다.

벨지안 화이트는 밀, 맥아, 효모 외에도 고수(코리엔더), 오렌지껍질 등을 넣어 화사하고 복합적인 향을 내뿜는다. 색상은 바이젠보다 밝은 레몬색을 띤다. 질감도 독일식 밀맥주보다 더 가벼운 편이다. 벨지안 화이트 역시 바이젠만큼이나 전 세계적인 인기를 누리고 있다.

국내에서도 마트에서 벨기에식 밀맥주를 쉽게 구할 수 있다. 대표적인 제품이 '호가든'이다. AB인베브 소속인 국내 OB맥주가 2017년까지 OB맥주 공장에서 호가든을 직접 생산하기도 했는데 본토 생산 제품에 비해 맛이 떨어진다며 '오가든'이라는 오명을 쓰기도 했다. 하지만 벨기에서 생산되는 호가든도 '원조' 호가든과는 거리가 멀다.

벨기에 밀맥주의 전통을 잇다, 피에르 셀리스

벨기에 플람스브라반트 지역의 호가든이라는 작은 마을에서는 수백년 전부터 각종 허브와 향신료가 첨가된 밀맥주를 만들고 있었다. 호가든의 밀맥주는 오랫동안 지역 주민들의 사랑을 받았지만, 제2차 세계대전 이후 전 세계를 강타한 페일 라거 붐을 이기지 못하고 사장될 위기에 처했다. 1950년대, 피에르 셀리스(Pierre Celis)라는 양조사는 벨기에식 밀맥주가 사라지는 것이 안타까워 밀맥주를 양조하기 시작했다. 셀리스가 부활시킨 호가든 맥주는 다행히 좋은 반응을 얻어 안정적으로 수익을 냈다.

하지만 1985년 셀리스의 양조장에 큰 불이 나는 바람에 양조장은 벨기에의 거대 맥주기업인 인터브루의 지원을 받고 결국 매각되고 만다. 대기업이 인수한 호가든은 대량 생산을 통해 점차 맛이 변질되어 갔다. 실망한 셀리스는 벨기에를 떠나 미국 텍사스 오스틴에서 셀리스 브루어리를 설립해, 다시 한 번 벨기에식 밀맥주 양조에 매달렸다. 그러나 기

벨지안 화이트
셀리스 화이트 Celis White

양조장 반 스틴베르그 브루어리, 벨기에

ABV 5.0%

오리지널 호가든 맥주. 상업화되어 대중적인 맛을 지향하는 지금의 호가든보다 '원조' 맛의 진수를 느낄 수 있다. 상큼한 오렌지향과 고수향이 두드러진다.

벨지안 화이트
이네딧 담 Inedit Damm

양조장 담 브루어리, 스페인

ABV 4.8%

프리미엄을 지향하는 밀맥주로, 고수와 오렌지껍질, 감초 등이 들어갔다. 화사한 과일향과 깔끔한 목넘김으로 모든 음식과 잘 어울린다. 맥주 마니아뿐만 아니라 와인을 좋아하는 사람들도 무척 좋아하는 맥주다.

뿜도 잠시, 셀리스 양조장의 소유권이 또 한 번 거대 맥주회사인 밀러에 넘어가면서 셀리스는 양조를 그만두게 된다.

셀리스는 '셀리스' 맥주가 벨기에의 반 스틴베르그 양조장에서 생산되는 것을 지켜보다가 2011년 숨을 거두었다. 벨기에식 밀맥주가 대기업의 대량 생산과 유통망 덕분에 널리 알려지고 지구 반대편인 한국에서도 큰 인기를 끌게 되었지만, 소규모 양조장에서 고유의 품질을 유지하고자 했던 셀리스가 양조사로서 자신의 철학을 지키지 못한 건 무척 안타까운 일이다.

오늘날 대량생산되고 있는 대표 벨기에식 밀맥주 호가든(위)과 벨기에 플람스브라반트의 마을 호가든(아래)

유럽 농주, 세종 Saison

나라별로 생김새와 문화는 다르지만, 사람 사는 모양은 모두 다 비슷비슷하다. 우리나라 농부들이 논밭에서 일을 하다가 새참에 막걸리를 곁들이며 휴식을 취하듯이 옛날 유럽 농부들도 '노동주'를 따로 빚어 먹었다. 유럽 농주가 바로 '세종'(Saison)이다. 세종은 영어에서 계절을 의미하는 시즌(Season)을 프랑스식으로 발음한 것이다. 프랑스어를 사용하는 벨기에 남부 지역에서 집집마다 '농사철'에 마시기 위해 맥주를 빚은 데에서 유래하여 세종이라는 이름이 붙었다. 당시에는 냉장고가 없었기 때문에 농가들은 가을 추수가 끝난 뒤 맥주를 빚어 서늘한 상온에 보관한 후 이듬해 봄, 여름에 마셨다.

노동주답게 세종은 대체로 알코올 도수가 2~4%로 낮았다. 세종은 밝은 색상을 띠고, 산뜻하고 가벼운 느낌에 깔끔한 뒷맛을 갖춰 마시기가 편하다.

펀크웍스 세종 Funkwerks Saison	**양조장** 펀크웍스, 미국	ABV 6.8%

세종 스타일을 기본으로 한 다양한 맥주를 만드는 펀크웍스 양조장에서 만든 벨기에식 세종의 기본에 충실한 맥주. 달콤하고 쿰쿰한 세종 효모의 풍미와 가벼운 곡물맛, 시트러스(citrus)한 홉 풍미가 골고루 느껴진다.

또 양조장에서 빚은 맥주가 아니라 유럽판 가양주이기 때문에 "세종은 꼭 이래야 한다"고 정해져 있는 레시피가 없다. 시골에서 할머니가 만드는 막걸리를 연상하면 쉽다. 집집마다 맛과 재료가 조금씩 다르기 때문에 세종에는 각종 허브와 향신료부터 호밀, 밀 등 다양한 곡물과 부재료가 들어간다. 미국 크래프트맥주 업계에서도 세종은 다양한 레시피로 응용된다. 많은 양조장에서 각종 부재료를 넣거나 오크통에 숙성시키는 등 스타일을 변주한 독특한 맥주를 만들어내고 있다.

벨기에 남부뿐만 아니라 '와인의 나라' 프랑스에서도 세종과 같은 농주를 만들어 마셨다. 이름은 '비에르 드 가르드'(Biere de garde) 직역하면 '저장용 맥주'라는 뜻이다. 비에르 드 가르드는 주로 북부 농부들이 즐겼으며 알코올 도수는 5~7%로 세종보다 높다.

사우어 에일 Sour Ale

화이트 와인의 산미를 좋아하는 사람들의 취향을 저격하는 맥주가 있다. 바로 사우어 에일(Sour Ale)이다. 말 그대로 '신맛'이 나는 맥주라는 뜻의 사우어 에일은 공기 중에 서식하는 야생효모나 젖산 등을 넣어 발효한 맥주로, 맥주답지 않게 '시큼한 맛'이 나서 매우 독특하다. 미국에서는 '와일드 에일'(Wild Ale), '와일드 비어'(Wild Beer)라고도 부른다. 수개월에서 길게는 수년까지 오크통 안에서 숙성 시간을 거치기 때문에 어떤 맥주는 식초를 마셨을 때와 같이 눈살이 찌푸려질 정도로 시고, 때로는 지하실 곰팡이 같은 쿰쿰한 맛이 나기도 한다.

다수의 입맛을 사로잡기에는 마니악한 성격이 강한 맥주이지만, 최근 식음료 업계의 '신맛' 트렌드를 타고 소수의 마니아를 중심으로 알려지더니, 이제는 크래프트맥주 업계의 한 축으로 성장했다. 신맛의 중독성이 강하다 보니 '사우어 맥주'만 찾는 마니아층도 탄탄하다. 사우어 에일은 크게 벨기에, 독일, 미국식으로 나뉜다. 이 가운데 '아메리칸 와일드 에일'(American Wild Ale)로 불리는 미국식 사우어 맥주는 최근 크래프트 양조장들이 벨기에와 독일의 전통 사우어 맥주를 응용해 재창조한 것이다.

벨기에식 사우어 에일

벨기에는 현대에도 전통적인 방식으로 맥주를 빚는 문화가 남아 있는 곳으로 유명하다. 전통적인 양조방식이란 인위적으로 배양된 효모가 아닌 공기 중에 떠다니거나 오크통에 서식하는 야생효모를 이용하여 맥주를 자연적으로 발효시키는 것을 뜻한다. 이렇게 자연발효한 맥주들은 상미기한이 기본 20년이다. 보통 맥주는 '빨리 상하는 술'이라는 선입견이 강하지만, 사우어 에일만큼은 "신선할 때 마셔야 한다"는 조건이 해당되지 않는다.

벨기에 사우어, 람빅(Lambic)과 괴즈(Geuze)

대표적인 벨기에 사우어인 '람빅'(Lambic)이 바로 이 방식으로 만든 맥주다. 람빅의 고향은 수도 브뤼셀 인근의 파요텐란드다. 람빅 맥주를 마시면 신맛과 함께 젖은 가죽, 헛간 냄새 등 아주 독특한 향미를 느낄 수 있는데, 이는 이 지역의 공중에 떠다니는 야생효모에서 오는 것이다.

괴즈
팀머만스 오드 괴즈 Timmermans Oude Gueuze

양조장 팀머만스 브루어리, 벨기에	**ABV** 5.5%

람빅의 고향인 벨기에 파요텐란드에 위치한 현존하는 가장 오래된 람빅 양조장의 괴즈. 레몬과 청포도, 청사과 등 과일향이 코를 찌르는 새콤한 맛과 입안의 침이 잔뜩 고이는 맥주. 드라이한 탄산감은 마치 샴페인을 연상시킨다. 3년 숙성한 오래된 람빅과 어린 람빅을 블렌딩했다. 2015년 월드비어어워즈(World Beer Awards) 사우어 부문 대상을 수상한 명작.

과일 사우어
구스아일랜드 줄리엣 Goose Island Juliet

양조장 구스아일랜드 브루어리, 미국

ABV 8.0%

야생효모로 발효해 와인 오크통에서 블랙베리를 넣어 숙성시킨 맥주. 마치 외관이 와인 병을 연상케 한다. 맛도 와인처럼 깊은 향미가 있다. 블랙베리와 오크의 바닐라, 타닌 등의 맛이 잘 어우러진 세련된 맥주.

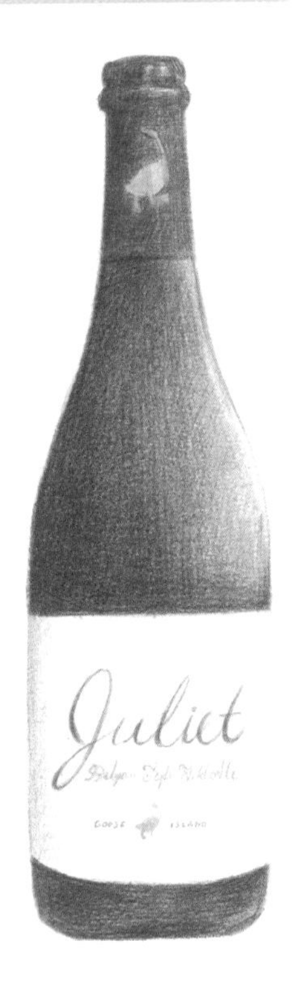

자연발효 맥주 람빅

보통 맥주를 만들 땐 잡균의 침투를 막기 위해 외부와의 접촉을 차단하는 등 위생 관리가 매우 중요하지만, 자연발효 맥주인 람빅은 오히려 잡균에 노출시켜 의도적으로 시고 쿰쿰한 맛을 낸다. 삭힌 홍어처럼 일부러 '상한 맥주'를 만들어내는 것이다.

람빅을 만들 때에는 양조사가 맥아즙에 효모를 주입하지 않고, '쿨십'(coolship)이라고 부르는 넓은 팬에 옮겨 맥아즙을 식힌다. 지붕에 뚫린 구멍을 통해 바깥 공기에 노출된 맥아즙은 공기 중의 효모를 받아들이면서 자연발효하게 된다. 발효와 숙성 과정이 최소 수개월에서 수년이 걸리고, 오크통에서 이루어지기 때문에 대량 생산 자체가 불가능하다. 벨기에에서는 이러한 전통을 유지하기 위해 오직 브뤼셀 지역과 인근 15km 내에서 생산된 람빅 맥주에만 맥주 라벨을 허용하고 있다.

탄산화 과정을 거친 람빅, 괴즈

람빅 맥주는 탄산화 과정을 거치지 않고, 아무것도 섞지 않은 순수한 맥주다. 똑같은 양조장에서 만든 맥주라고 해도 생산 연도, 숙성기간, 숙성시킨 오크통의 종류에 따라 맛이 다르다. 이 때문에 람빅은 연식이 다른 것들을 섞어 마시는 것이 일반적이다.

괴즈는 이렇게 블렌딩한 람빅에 탄산화 과정을 거쳐 제조한 람빅 맥주를 뜻한다. 또 수년간 숙성한 람빅에 체리, 라즈베리 등의 과일을 넣어 오크통에 추가로 숙성시킨 뒤 '과일 맥주'로 마시기도 한다. 그만큼 람빅이라는 '원주'는 그 어떤 맥주 스타일보다 응용 범위가 넓어 '맥덕'들에게는 상당히 흥미롭게 느껴지는 스타일이다.

맥주 맞아?

플랜더스 레드 에일 (Flanders Red Ale)

'와인 맥주'라는 별명을 가진 '플랜더스 레드 에일'(Flanders Red Ale)도 빼놓을 수 없는 벨기에 사우어 에일이다. 플랜더스 레드 에일은 벨기에 서부의 플랑드르 지역 전통 맥주로, 이 맥주는 연한 색과 어두운 색의 맥아를 섞기 때문에 적갈색을 띠면서 체리와 비슷한 과일 맛이 난다.

플랜더스 레드 에일은 자연발효를 거치는 람빅과 달리 효모와 젖산균을 주입시켜 오크통에서 최장 2년까지 숙성한다. 역시 맛의 균형을 위해 연식이 다른 맥주들을 블랜딩해 출시된다. 플랜더스 레드 에일은 포도, 자두 등 블랙베리류의 과일향과 산미, 떫은맛이 복합적으로 어우러져 레드 와인과 비슷한 풍미를 내기 때문에 '와인 애호가'들의 입맛에 맞아 인기가 높다.

벨기에 서부, 플랑드르(Flandre)

로덴바흐 그랑크루 Rodenbach Grand Cru	
양조장 로덴바흐 브루어리, 벨기에	**ABV** 6.0 %

탄산감이 있다는 것을 제외한다면 놀라울 정도로 와인과 흡사한 풍미를 가진 맥주. 어린 맥주와 오래 숙성한 맥주를 섞어 만든다. 새빨간 색에 강한 산미가 두드러지며 달지 않아 다양한 음식과도 잘 어울린다.

듀체스 드 부르고뉴 Duchesse de Bourgogne	
양조장 페어헤게 브루어리, 벨기에	**ABV** 5.2 %

국내에서 판매되는 대표적인 플랜더스 레드 에일. 산뜻한 산미와 풍부한 체리향이 매혹적이다. 발효 후 오크통에서 장기 숙성을 거친 맥주와 미숙성된 어린 맥주를 섬세하게 블랜딩해 만든다.

독일의 사우어 에일

사우어 맥주를 논할 때 독일은 빼놓아선 안 되는 나라다. 독일은 흔히 필스너와 밀맥주의 나라라고 알려져 있지만, 아주 오래된 독일의 지역 맥주들이 없었다면 오늘날 '미국식 사우어 맥주'의 전성기도 오지 않았을 것이다. 독일의 사우어 맥주는 '베를리너 바이세'(Berliner Weisse)와 '고제'(Gose)가 있다. 두 종류의 맥주 또한 벨기에 맥주 못지않게 미국 크래프트맥주 업계에서 폭넓게 변주되고 있는 '원주'다.

북유럽의 샴페인,
베를리너 바이세 (Berliner Weisse)

베를린 전통 지역 맥주인 베를리너 바이세는 말 그대로 과거 베를린 사람들이 즐겨 마셨던 밀맥주다. 이 맥주는 젖산균이 들어가 시큼하고 청량해 목넘김이 아주 가볍다.

19세기 나폴레옹 군대는 이 맥주를 맛보고 '북유럽의 샴페인'이라는 별명을 붙이기도 했다. 베를

베를리너 바이세 **사우어 웬치** Sour Wench	
양조장 벨라스트포인트, 미국	ABV 7%

블랙베리를 넣은 베를리너 바이세. 보라색 빛깔에 떠오르는 핑크빛 거품의 외관이 아름답다. 주재료인 블랙베리의 아로마와 레몬의 상큼함이 어우러져 부드럽고 새콤한 맛을 자아낸다. 도수는 7도로 다소 높지만, 쓴맛이 거의 느껴지지 않는 위험한 맥주.

린 사람들은 특히 여름에 베를리너 바이세를 즐겨 마신다. 알코올 도수도 3%로 낮아 술이 약한 사람에게 혹은 갈증 해소용으로 제격이다.

현지에서는 베를리너 바이세에 시럽을 타서 마시는 편이지만, 베를리너 바이세 스타일을 처음 마신다면 아무것도 첨가하지 않은 플레인(Plain) 스타일로 마셔보기를 추천한다. 한국 사람이라면 젖산 때문에 '동치미 국물'을 들이키는 듯한 느낌이 들 것이다.

시고 짠 사우어 에일, 고제 (Gose)

고제는 북부 니더작센주의 고슬라르 지역에서 만들어지는 밀맥주로 젖산균과 '소금'이 들어가는 것이 특징이다. 개인적으로 고제 맥주를 마시면서 '단짠'(달고 짠맛의 조화)보다 '신짠'(시고 짠 맛)이 훨씬 중독성 있고 맛있다는 것을 깨달았다. 음용성이 좋다. 고제의 고향인 라이프치히 지역에서는 여전히 고제의 인기가 많다.

주말에는 지역 주민들이 가족과 함께 고제 맥주를 만드는 브루펍에 가서 '라거' 맥주처럼 아무렇지도 않게 고제를 주문하는 것을 심심치 않게 볼 수 있다.

고제 **시에라네바다 오트라 베즈** Sierra Nevada Otra Vez	
양조장 시에라네바다 브루잉, 미국	**ABV** 4.5%

레몬, 라임, 자몽과 같은 시트러스 계열의 과일맛과 짭짜름한 소금, 고소한 곡물 맛이 조화로운 고제. 양조장이 위치한 캘리포니아산 자몽과 선인장이 들어간 것이 독특하다. 목이 타는 여름날 시고 짠 고제로 갈증을 달래보자.

미국의 사우어 에일

미국의 크래프트 양조장들은 유럽 전통 맥주 레시피를 되살려 사우어 맥주를 대중화시켰다. 그뿐만 아니라 기존 사우어 맥주에 다양한 과일, 홉 등을 추가해 '아메리칸 와일드 에일'이라는 새로운 사우어 스타일을 개척하는 데 성공한다. 사우어 맥주는 유럽에서 시작됐지만 사우어 맥주를 취급하는 양조장은 현재 유럽보다 미국에 압도적으로 많다.

아메리칸 와일드 에일

벨기에 양조장들이 자연발효를 통해 사우어 맥주를 생산한다면, 미국의 와일드 에일 생산자들 가운데 일부는 브레타노미스(브

아메리칸 와일드 에일 **캐스케이드 피가로** Cascade Figaro
양조장 캐스케이드 브루잉 배럴하우스, 미국
ABV 10.0%
무화과가 들어간 사우어 맥주로, 화이트 와인 샤도네이 배럴에서 레몬껍질과 함께 최대 18개월 숙성시킨다. 청포도와 청사과, 배와 같은 화사하고 산뜻한 과일향과 기분 좋은 산미가 두드러진다.

렛) 계통의 특정 야생효모와 락토바실러스(유산균), 페디오코쿠스처럼 시큼한 맛을 내는 박테리아를 인위적으로 주입하기도 한다. 이후 맥주들은 벨기에처럼 와인 오크통, 배럴 오크통에서 일정 기간 숙성을 거치거나 블렌딩해 병입된다.

미국식 와일드 에일의 매력은 정해진 규칙이 없다는 것이다. 맥주에 체리, 딸기 등 베리류의 과일뿐만 아니라 화이트 와인에 쓰이는 포도를 넣기도 하고, 사과 발효주인 사이다를 섞기도 한다. 또 스타우트에 야생효모를 넣고 버번 오크통에 숙성시켜 '시큼한 흑맥주'를 만들기도 한다. 와일드 에일은 양조사들의 창의성을 유감없이 뽐내는 장르면서 크래프트 특유의 실험정신, 도전정신이 가득한 스타일이다. 물론 양조사조차도 예상할 수 없는 맛이 나오기 때문에 균일한 맛을 기대할 순 없지만, 크래프트맥주를 사랑하는 이들이라면 미국식 와일드 에일의 매력에 열광할 수밖에 없다.

"에일 맥주 한 잔과 안전을 위해서라면 내 명예를 줘도 좋다."
_윌리엄 셰익스피어

PART 4 세계 맥주 이야기

원조 에일의 나라, 영국

리얼 에일 Real ale과 캄라 CAMRA 운동

진짜 생맥주의 세계, '리얼 에일'

유럽의 섬나라 영국은 에일 맥주의 본고장으로도 유명하다. 라거 맥주가 탄생한 독일, 체코 중심으로 라거 스타일의 맥주가 발달한 대륙과는 달리 에일 맥주가 오랫동안 사랑받고 있기 때문이다. 영국 에일 맥주의 특별함은 영국식 '리얼 에일'이라고 불리는 생맥주에 있다. 리얼 에일은 양조장에서 여과와 살균 과정을 거치지 않아 효모가 살아 있는 맥주를 나무통으로 된 캐스크(Cask)에 담아 안에서 2차 발효를 하는 맥주를 뜻한다.

알루미늄 맥주 통인 케그(Keg)에 담겨져 나오는 일반 맥주는 완벽하게 효모가 걸러져서 유통이 되기 때문에 펍에서는 냉장 보관과 맥주가 나오는 '관' 청소만 신경을 쓰면 맥주의 맛을 유지할 수 있다. 그러나 리얼 에일은 맥주가 나온 뒤 보관하는 펍의 창고에서 다시 한 번 발효를 하기 때문에 펍 주인이 맥주를 어떻게 관리하는가에 따라서 같은 맥주여도 맛의 차이가 큰 편이다. 리얼 에일이 진짜 살아 있는 맥주, '원조 생맥주'로 불리는 이유다.

맛도 우리가 아는 일반 생맥주와는 다르다. 색깔은 불그스름하고 풀, 흙 내음이 잔잔하게 퍼진다. 탄산도 약하고, 마시는 적정 온도도 10~12도로 차게 해서 마시는 라거보다 높아 미지근하게 느껴질 수도 있다. 처음 리얼 에일을 마시면 "엥? 이게 맥주라고?"라는 말을 뱉을 수 있다. 그러나 미지근하고 김빠진 맛이 바로 리얼 에일의 매력이다. 케그에 담긴 맥주는 케그통에 이산화탄소와 질소가 혼합된 가스를 일부러 주입해 탄산가스의 가압을 이용해 맥주를 끌어올린다. 그러나 리얼 에일은 인공적인 탄산을 넣지 않고 자연적인 탄산이 맥주에 녹아들어가 탄산기가 훨씬 적지만, 케그 맥주보다 목넘김이 부드러워

한 잔 시켜놓고 상대와 천천히 대화하며 음미하기 좋다. 거친 탄산을 뿜어내는 페일 라거가 20대 청년이라면, 리얼 에일은 균형 잡히고 젠틀한 중년의 신사를 닮았다.

리얼 에일을 파는 펍은 런던뿐만 아니라 영국의 어느 중소도시를 가도 쉽게 찾을 수 있다. 펍의 출입문이나 간판에 트래디셔널 에일(Traditional Ale) 혹은 리얼 에일(Real Ale)이라는 푯말을 내걸고 있는 곳에 들어가면 된다. 중년 남성들이 프리미어리그 축구나 럭비 중계를 보며 '리얼 에일'을 마시고 있을 것이다.

"영국 전통 맥주를 살리자" 캄라운동

영국인의 일상으로 자리잡은 리얼 에일도 시장에서 사장될 위기에 처했던 시기가 있었다. 라거 맥주 열풍이 영국에도 상륙하면서 사람들의 입맛은 청량하고 깨끗한 라거에 쏠렸다. 리얼 에일은 순식간에 구닥다리 맥주 취급을 받으며 존재가 위태로워졌다. 특히 1950년대 이후 영국의 거대 맥주회사들은 본격적으로 여과와 살균 처리를 거친 맥주를 케그에 담아 유통하기 시작했다. 케그 맥주는 2차 발효를 하지 않으니 유통하기도 쉬웠고, 펍에서 맥주를 세심하게 관리해 판매할 필요도 없었다. 편리함과 맛의 일관성이라는

장점 덕분에 케그에 담긴 맥주는 영국 전역에 무섭게 전파되면서 영국 맥주의 '주류'로 떠올랐다.

사라질 뻔한 리얼 에일을 되살린 주인공은 옛날 맥주 맛을 그리워했던 평범한 시민들이었다. 1971년 영국 북부 출신의 '맥주 덕후' 마이클 하드먼, 빌 멜러, 짐 메이킨, 그레이엄 리스 등 4명은 바스(Bass) 등 거대 맥주 양조회사들이 양조장들을 차례로 인수한 뒤 현대화된 양조 방식(케그 통에 담는 맥주)으로 맥주를 생산한 결과 맥주 맛의 개성이 사라지고 획일화된 맥주만 남았다고 생각했다.

이들은 캐스크 맥주를 살리고 보존하는 것이 영국 맥주 시장의 살길이라고 보고 소비자 단체인 '진짜 에일을 지키기 위한 운동'(Campaign for Real Ale · CAMRA · 캄라)을 창설했다. 4명이 조촐하게 시작한 캄라운동은 첫 행사에서 2000명이나 불러 모으며 화제가 됐다. 다시 리얼 에일을 마시고 싶어 하는 사람들이 많다는 것을 확인한 이들은 펍에 찾아가 리얼 에일을 홍보하고, 리얼 에일만을 취급하는 맥주 축제를 만들어 인지도를 넓혀 갔다. 오늘날 캄라는 회원수 19만 2000여 명에 달하는 영국 최대 규모의 소비자 단체로 성장했다.

캄라는 전통적인 맥주 양조 방식을 확립하고 홍보했을 뿐만 아니라 1974년부터 매년 영국에서 좋은 리얼 에일을 파는 펍을 일목요연하게 정리한 《더 굿 비어 가이드》(The Good Beer Guide)를 발행해오고 있다. 또 리얼 에일을 양조하는 양조장들만 초청해 그레이트 브리티시 비어 페스티벌(Great British beer festival)을 개최해 영국 최대 맥주 축제로 발전시켰다.

영국에 갈 일이 있다면 일정이 아무리 바빠도 '리얼 에일'을 마시고 와야 한다. "요즘 한국에 수입 맥주가 얼마나 다양한데 한국에서도 마실 수 있지 않느냐"라고 반문할지 모르겠으나 '리얼 에일'은 영국 외 어디에서도 쉽게 마실 수 없다. 출하한 지 일주일 이내에 마셔야 하는데 짧은 시간 안에 발효 중인 맥주를 온도 보관까지 신경 쓰면서 장거리 운반을 한다는 건 불가능하기 때문이다.

리얼 에일과 크래프트맥주

캄라운동이 성공적이었다 하더라도, '리얼 에일' 시장 규모가 페일 라거에 비해 3분의 1 수준이기 때문에 주류는 아니다. 메이저가 아닌 '마이너'라는 점에서 리얼 에일과 '크래프트맥주'는 상당히 흡사하다. 하지만 캄라는 크래프트맥주 업체를 옹호하지 않는다. 오히려 크래프트맥주 업계와 썩 좋지 않은 관계인데, 이는 캄라가 칼 같은 원칙주의를 고집해오고 있기 때문이다. 캄라는 오로지 캐스크에서 2차 발효하는 맥주만 리얼 에일로 인정하고, 이외의 맥주는 배척하는 분위기가 강하다. 때문에 이들이 개최하는 맥주 축제에는 영국 크래프트맥주 양조장들은 초대받지 못하고 출품도 할 수 없다.

영국 크래프트 양조장들 입장에서는 맥주를 사랑하는 소비자들이 모이는 축제에서 자신들의 맥주를 소개할 채널이 막혀버리게 되는 셈이므로 불만이 쌓일 수밖에 없다. 급기야 영국 최대 크래프트맥주 회사인 브루독(Brewdog)은 2011년 '리얼 에일이 아닌 맥주 축제'(Un-Real Ale Festival)를 만들어 캄라에 거절당한 영국의 크래프트맥주 양조장을 대거 참여시키기도 했다.

캐스크에 담긴 리얼 에일의 가치와 정통성을 중요시하는 캄라의 방향성은 충분히 이해한다. 그러나 캄라가 개최하는 축제에 '리얼 에일' 방식이 아닌 맥주를 생산하는 미국의 양조장들은 초대하면서 같은 영국의 소규모 양조장들을 배척하는 모습에선 일관성이 없어 보이기도 한다. 캄라가 조금의 융통성을 발휘했다면 다양성이라는 가치 아래 전통과 현대가 공존하는 모습을 볼 수 있지 않을까 하는 아쉬움이 남는다.

Beer **Plus**

'기네스'는 아일랜드 맥주일까

영국의 이웃 '아일랜드'는 기네스 맥주를 빼놓고는 논할 수 없는 나라다. 수도 더블린에 있는 기네스 공장과 기네스가 가장 맛있기로 소문난 템플바는 관광객들의 필수 코스다. 아침부터 문을 연 펍에 들어가면 할아버지들이 기네스 맥주 한 잔을 옆에 놓고 신문을 보고 있다. 일과를 마친 밤에도 사람들은 펍에 모여 기네스를 들고 이야기꽃을 피운다. 아일랜드 최대 축제인 '성 패트릭 데이'에는 아일랜드뿐만 아니라 전 세계의 아이리시들이 국가를 상징하는 초록색 클로버가 그려진 옷을 입고 기네스를 마신다. 영국에 700년 동안 지배당한 아일랜드 민족이 "술과 음악을 좋아하고 한이 많다"고들 하는데 여기서 '술'이란 기네스를 의미하는 게 아닌가 싶을 정도다. 한국에서도 기네스는 편의점이나 마트에서 쉽게 구할 수 있는 친숙한 수입 맥주 가운데 하나다.

그러나 기네스가 아일랜드의 '국민 맥주'로 불리기엔 떨떠름한 부분이 있다. 더블린에 기네스 양조장을 처음 세운 이는 아서 기네스다. 기네스는 북아일랜드 출신의 귀족 가문이었다. 조부와 아버지로부터 양조 기술을 배운 아서는 1700년대 당시 영국에서 대유행했던 '포터'(스타우트) 스타일의 맥주를 아일랜드에서 만들어 팔아 보기로 했다. 아서는 1759년 폐허로 있던 더블린의 한 양조장을 헐값에 9000년 간 계약을 맺고 임대해 본격적으로 포터를 생산했는데, 이 맥주는 순식간에 아일랜드 사람들의 입맛을 사로잡았다. 입소문이 퍼지자 기네스 맥주는 영국에 이어 가까운 유럽 국가에도 수출됐다. 아서는 맥주로 큰돈을 벌었다.

그러면 기네스가 탄생했던 당시 아일랜드 상황을 떠올려 보자. 아일랜드가 1921년에 독립을 했으니 당시 아일랜드섬은 영국의 식민지였다. 독립 과정에서 아일랜드 사람들은 수많은 피를 흘려야 했다. 독립은 1916년 아일랜드공화국군(IRA)과 영국군이 전

아일랜드 최대 축제인 성 패트릭 데이 주간 기네스 광고. 축제 당일인 3월 17일부터 성 패트릭 주간에 기네스를 마시자는 내용의 광고다.

아서 기네스(Arthur Guinness)

쟁을 치른 결과였다. 대신 아일랜드섬은 남북으로 쪼개졌다. 종교 갈등 때문이었다. 과거 잉글랜드 개신교(성공회)인들이 대거 이주해 북부 지방에 정착했기 때문에 개신교도 수가 많은 북쪽에서는 영국 잔류를 원하며 반독립운동이 일어나기도 했다. 결국 북부 얼스터 지방의 6개 주는 독자적 의회를 구성해 영국의 구성원으로 남았고, 영국령 북아일랜드가 됐다. 가톨릭이 국교인 남쪽 아일랜드가 오늘날 아일랜드공화국이다.

기네스 가문은 줄곧 아일랜드가 영국으로부터 독립하는 것을 반대하고 아일랜드의 영국 흡수를 주장한 통일당(Unionist)을 후원했다. 1798년에는 아일랜드 민족주의자들이 아서를 영국의 스파이라고 고발하는 해프닝까지 있었을 정도다. 후손들도 아서의 뜻을 이어받아 통일당을 지지했다. 기네스 가문은 1913년에는 아일랜드 자치법안을 저지하기 위해 정치자금을 후원하기도 했다. 1916년에는 영국군을 지원하고 아일랜드 민족주의자로 알려진 직원들을 해고하기도 했다. 목숨 걸고 독립한 과거 남쪽의 아일랜드 사람들을 떠올려 보면 기네스는 매우 껄끄러운 술이 아닐 수 없다. 한반도 역사에 비유하면 일제 강점기에 일본을 지지한 조선인 가문이 세운 맥주회사가 오늘날 한반도를 대표하는 맥주 브랜드가 된 셈이나 마찬가지다.

물론 소비자들에게는 맥주만 맛있으면 될 일이다. 우리가 맥주에 얽힌 이야기를 알고자 하는 건 맥주를 더 맛있게 즐기기 위함이니까 말이다. 스타우트 가운데 기네스처럼 균형이 완벽하고 음용성이 뛰어난 맥주도 드물다. 기네스가 세계적인 스타우트 맥주로 거듭난 이유이기도 하다. 그러나 기네스에 아일랜드인의 정신이 서려 있는 것 같진 않다. 어떻게 보면 '기네스=아일랜드=성 패트릭 데이'라는 이미지를 만든 주류회사 디아지오의 마케팅에 박수를 보낼 일이다.

Beer
Plus

영국의 크래프트맥주 '브루독' 성공기

크래프트맥주의 인기로 맥주산업이 '황금알을 낳는 시장'으로 변모하면서 영국에서도 '맥주 신화'를 새로 쓴 양조장이 나왔다. 주인공은 '브루독'(Brewdog)이다. 시작은 '엄마 집'에 딸린 작은 차고(Garage)였다. 스코틀랜드 맥주회사 브루독(Brewdog)의 공동창업자 제임스 와트(James Watt)는 23살 때 법학전문대학원(로스쿨)을 자퇴하고 죽마고우인 마틴 디키와 본격적으로 맥주를 만들기로 결심했다. 스코틀랜드 남동 해안의 작은 어촌 마을 출신의 와트는 13살 때 에든버러에서 열리는 수영대회에 출전할 당시 몰래 맥주를 숨겨 가져갔을 정도로 일찍이 맥주 맛에 눈뜬 타고난 '맥주광'이었다.

와트는 '고루하고 진부한 영국 맥주'가 늘 불만이었다. 당시만 해도 영국 맥주는 '캐스크 에일'(Cask Ale)과 하이네켄류의 '라거'(Lager) 일색이었다. 다양한 스타일의 맥주에 목말랐던 와트는 에든버러대 정치경제학과를 졸업한 뒤, 아르바이트로 어선에서 고기를 잡는 일을 하면서 디키와 틈틈이 맥주를 만들어 마시곤 했다. 에든버러의 헤리엇와트대학에서 양조·증류학을 공부한 디키 덕분에 둘은 수준급 홈브루잉을 즐길 수 있었다.

처음 와트와 디키는 와트 어머니의 집 창고에서 맥주를 만들어 주말에 열리는 장에 내다 팔았다. 일반 맥주와 달리 주로 홉에서 내

뿜는 과일향과 쓴맛이 두드러지는 '미국식 크래프트맥주'를 표방한 차별화된 맥주였다. 이듬해 와트와 디키는 은행에서 3만 파운드를 대출받아 프레이저버그의 한 건물을 임대해 양조장을 차렸다. 브루독이라는 브랜드도 론칭했다. 양조장 직원이라곤 와트와 디키 그리고 와트가 키우는 골든 리트리버 개 한 마리가 전부인 '초미니 회사'였다. 이들이 만든 '펑크 IPA'(Punk IPA)라는 미국식 크래프트맥주는 에일 맥주의 종주국이라는 자부심이 강한 영국인의 입맛을 순식간에 사로잡았다. 특히 2008년 대형마트인 테스코에 맥주를 납품하면서 브루독은 무서운 속도로 성장했다. 크라우드펀딩 방식으로 5만 6000여 명에게 투자를 받아 양조장과 펍을 확장하며 몸집을 키웠다. 창업 첫해 14만 파운드의 매출을 올렸던 브루독은 현재 세계 60여개 국에 맥주를 수출하고, 약 650명의 직원을 거느리며 718만 파운드의 매출을 기록하는 글로벌 기업으로 자리매김했다. 2010년 초기 크라우드펀딩에 참여했던 1,300여 명의 투자자는 2,800%에 달하는 수익을 얻게 됐다. 2017년 미국의 사모펀드 회사인 TSG 컨슈머파트너스는 2억 6500만 달러를 투자해 브루독의 주식 23%를 사들였다. 현재 브루독의 기업가치는 우리 돈으로 1조가 넘는 12억 달러로 평가된다.

브루독은 괴상한 시도로 맥주를 만들어 업계에서는 '또라이 양조장'으로 통하기도 한다. ABV가 55%에 달하는 맥주를 만들어 시장에 내놓는가 하면(이 맥주의 가격은 200만 원이 넘는다), 러시아에서 제정된 동성애금지법에 반발하는 의미로 맥주를 생산해 블라디미르 푸틴 러시아 대통령의 모습을 알록달록한 라벨로 만들어 풍자하기도 했다. 또 영국 윌리엄 왕자와 케이트 미들턴의 결혼식을 기념해 맥주에 비아그라를 넣어 '정력 맥주'를 생산해 주목받기도 했다. 물론 브루독의 이런 행위는 "먹을 거 갖고 장난친다"는 비난을 들을 수 있다. 그러나 브루독이 크래프트 정신을 재밌게 구현하는 모습을 통해 사람들이 크래프트맥주 특유의 다양성과 자유로움을 체험할 수 있다는 점에서 긍정적이라 할 수 있겠다.

RECOMMENDED
맥덕기자의 추천맥주

안녕, 나는 블라디미르야 HELLO, MY NAME IS VLADIMIR	
양조장 브루독 브루어리, 스코틀랜드, 영국	ABV 8.2%

임페리얼 IPA 스타일의 맥주. 베리류의 과일과 꽃향이 화려하다. 실제로 브루독은 이 맥주 한 박스를 푸틴 대통령에게 보냈다고 한다.

최신 트렌드를 이끄는 미국 맥주

1980년대 크래프트 열풍, 그 후

시에라네바다 브루잉(Sierra Nevada Brewing), 보스턴 비어 컴퍼니(Boston Beer Company), 브루클린 브루어리(Brooklyn Brewery). 이 세 곳은 미국에서 비교적 초창기에 크래프트맥주 양조를 시작한 대표적인 맥주회사다. 이들의 공통점은 구멍가게에서 시작해 이제는 글로벌 인지도를 갖추고 해외에 진출한 거대 기업이라는 점이다. 세 곳뿐만 아니라 미국에서 크래프트 맥주라는 개념이 생기고, 본격적으로 산업이 커졌던 1980~90년대 초반 시작했던 양조장들 가운데, 인기가 '전국구'로 퍼져나가 규모가 커진 곳들이 많다. 이들을 묶어 '1세대 브루어리'라고도 한다.

1세대 브루어리는 산업의 '개척자'로 시작해 부와 명성을 얻었다. 또 규모와 유통망이 커지면서 크래프트스러운 실험적이고 새로운 맥주를 생산하기보다는 대중이 좋아하는 스타일의 맥주를 정기적으로 생산하는 데 초점을 맞추어 대중적인 맥주회사로 거듭났다.

오늘날 미국에서 크래프트 정신을 가지고 실험적인 맥주를 생산하는 곳들은 2000년대 이후에 생긴 2~3세대 양조장들이다. 이들은 초창기 양조장보다 더욱 강한 지역색을 띠고, 근방의 브루어리와 협업을 통해 크래프트 정신을 구현하려고 노력하고 있다. 특히 '소량 생산'에 중점을 두면서 유통망을 일부러 넓히려 하지 않는다는 특징이 있다. 소비자가 직접 양조장에 와야만 맥주를 구매할 수 있는 전략을 쓰고 있는데 꽤 잘 통한다. 맥주의 품질로 승부하기 때문에 미국 소비자들은 시내보다는 거의 외곽에 위치한 양조장까지 기꺼이 찾아가 줄 서는 것도 마다하지 않는다. 인기가 많은 양조장에서는 새로운 맥주를 발표하는 날, 엄청난 인파가 몰려 몇 시간씩 줄을 서서 '신상' 맥주를 구매하는 진풍경을 볼 수 있다. 2~3세대 양조장들은 사우어 맥주의 인기를 견인하고 있는 아메리칸 와일드 에일, '뉴잉글랜드 IPA' 같은 스타일을 만들어내며 미국식 크래프트맥주 스타일을 점점 확장해 나가고 있다.

뉴잉글랜드 IPA (New England IPA)

현재 크래프트맥주는 '뉴잉글랜드 IPA'(New England IPA, 이하 NE IPA) 시대라고 해도 과언이 아니다. 미국 여행을 간다면 동부, 서부를 막론하고 어느 브루어리에서든 NE IPA 스타일을 만들고 있는 장면을 볼 수 있을 것이다. NE IPA는 미국에서 가장 널리 통용되는 맥주 스타일 가이드(BJCP)에 2018년 2월에 예비등재됐을 정도로 최신 유형의 스타일이다. 최근 2년 동안 미국에서 열광적인 인기를 얻었고 그 여파가 한국에 밀려와 국내 크래프트 브루어리들도 같은 스타일을 생산하고 있다. 더 부스의 '헤이주드', 어메이징 브루잉 컴퍼니의 '첫사랑', 플레이그라운드의 '홉 플래쉬', 미스터리 양조장의 '미스터 그린' 등이 대표적이다.

뉴잉글랜드 지도

NE IPA에서 NE는 미국 동부의 뉴잉글랜드 지방(뉴햄프셔, 매사추세츠, 로드아일랜드, 코네티컷주 등)을 의미한다. NE IPA는 2003년 버몬트주에서 브루펍으로 시작한 더 알케미스트(The Alchemist) 양조장이 2010년 IPA 맥주인 '헤디 토퍼'(Heady Topper)를 캔으로 유통하면서 알려지기 시작했다.

그동안 미국식 IPA의 교과서는 크래프트맥주가 탄생한 캘리포니아의 서부해안식

(West Coast) IPA였다. 이 IPA는 열대과일향이 폭발적으로 뿜어져 나오는 미국산 홉이 다량 투입되어 단맛이 거의 나지 않았다. 드라이한 서부해안식 IPA는 곧 미국에서 선풍적인 인기를 끌었고, 강렬한 홉의 유혹은 전 세계 맥주 마니아의 입맛을 사로잡았다. 서부해안식 IPA는 어느덧 IPA의 기준이 되었고 꾸준히 오랫동안 사랑받아 왔다.

그러던 어느 날 비슷비슷하게 쏟아지는 IPA 속에서 새로운 스타일의 IPA가 나왔다. 이름은 '헤디 토퍼'(Heady Topper). 외관은 맑은 기존 IPA와 달리 매우 탁한 것이 특징이었다. 일반 IPA보다는 묵직한 바디에 향이 강한 홉과 효모의 달콤함이 조화를 이루어 마치 '과일주스'를 마시는 느낌을 주었다. 새로운 IPA가 좋은 반응을 얻자 주변의 양조장들도 하나둘 '헤디 토퍼'와 비슷한 맥주들을 만들기 시작했다. NE IPA는 '과일주스'라는 별명처럼, 홉에 열광하는 '맥덕'뿐만 아니라 맥주에 관심이 없는 사람들도 마시기 편한 대중적인 맛이 특징이어서 곧 엄청난 인기가 뒤따랐다. 철옹성처럼 흔들림 없었던 서부해안식 IPA의 인기도 조금씩 흔들리기 시작했다. '뿌연(Hazy) IPA' 시대가 막을 올린 것이다.

NE IPA의 가장 큰 특징은 여과를 하지 않아 효모가 살아있다는 점이다. 그 때문

에 완벽하게 필터링을 한 기존 IPA보다 맛의 변화가 빠르다. 웬만하면 현지 브루어리에서 직접 사서 마시는 것을 추천한다. 최근 뿌연 IPA가 점점 인기를 끌게 되면서 양조사들은 맥주를 더욱 뿌옇게 만들기 위해 의도적으로 밀가루를 넣기도 하는 것으로 알려졌다. 이 같은 이유로 NE IPA는 '자연스럽지 못하다'는 비판도 나오고 있다. 그만큼 NE IPA가 현재 '대세'임을 입증하는 현상으로 보아도 무방하겠다.

뉴잉글랜드 IPA
헤디 토퍼 Heady Topper

양조장 더 알케미스트, 미국

ABV 8.0%

뉴잉글랜드 IPA 시대의 서막을 알린 맥주. 도수가 높아 임페리얼 IPA에 속한다. 시골 마을에서 이 맥주가 출시되자 미 전역의 '맥덕'들이 해당 양조장에 몰려들어 마을 전체가 발칵 뒤집어졌을 정도로 엄청난 센세이션을 불러일으켰다. 시트러스류의 과일과 파인애플 등 열대과일향이 폭발하며, 복숭아나 살구의 단맛도 느껴진다. 여기에 은은한 송진향이 더해져 마치 숲속에서 신선한 과일주스를 마시는 느낌이 든다.

뉴잉글랜드 IPA **노스아일랜드 IPA** North Island IPA

양조장 코로나도 브루잉, 미국 | **ABV** 7.5%

한국에 처음으로 정식 수입된 뉴잉글랜드 IPA. 뿌연 금빛 오렌지색 외관에 망고, 파인애플, 오렌지 등 화려한 과일향이 지배하는 전형적인 뉴잉글랜드 IPA로 경쾌한 '홉 주스' 같은 느낌이다.

독일의 다양한 지역맥주

맥주천국 독일

뮌헨의 유명맥줏집, 호프브로이하우스(hofbraeuhaus)

독일은 맥주 천국이다. 맥주를 빼고 독일을 논하는 것은 상상도 할 수 없다. 독일 전역의 맥주 양조장은 1300개가 넘고, 세계 최대 홉 산지 할러타우 지역이 있으며, 마을마다 사람들이 모여 맥주를 마시는 큰 규모의 '비어할레'(Bierhalle, 독일식 펍)가 존재한다. 아돌프 히틀러가 청년 시절 비어할레에서 '통일 독일'에 관한 명연설을 한 뒤 독일노동당 지도부에 합류하여 본격적인 정치가의 길을 걷게 됐다는 일화도 있다. 당연한 말이지만 독일인에게 맥주는 일상 그 자체다.

'독일' 하면 떠오르는 대표 맥주는 무엇일까? 많은 이들이 바이젠(Weizen)과 필스너(Pilsener)를 꼽을 것이다. 두 스타일은 실제 독일에서 가장 많이 팔리는 맥주이기도 하고, 대중적인 맛 덕분에 전 세계에 수출되어 인지도도 높다. 그러나 독일이 '맥주 천국'이라 불리는 이유가 단지 맛있는 바이젠과 필스너 때문만은 아니다. 독일 맥주의 진정한 매력은 각 지역에서 전통적으로 발달해온 '다양한 지역 맥주'에 있다. 앞서 언급한 라우흐비어나 고제, 베를리너 바이세 외에 꼭 알아두어야 할 지역 맥주들이 더 있다.

쾰른에선 무조건 '쾰쉬' Kölsch

쾰른 성당 바로 앞에 자리한 쾰쉬 하우스 '프뤼'(Fruh)

"쾰른에 가보셨나요?" 상대가 맥주를 좋아하는지 궁금하다면 독일 쾰른에 대한 질문을 해보자. 맥주에 관심이 없는 이라면 '세계 3대 성당'이라 불리는 장엄하고 웅장한 쾰른 성당 이야기를 꺼낼 것이다. 반면 맥주를 사랑하는 사람이라면? 당연히 쾰른 성당 앞에 있는 '쾰쉬 하우스'에서 맛있는 쾰쉬 맥주를 마셨다는 대답을 하지 않을까?

독일은 전통적으로 '라거' 양조법이 발달한 나라이지만 쾰쉬는 에일 맥주다. 500ml가 들어가는 보통의 맥주잔과 달리, 200ml 사이즈의 작고 날렵한 원통형 잔에

서빙되기 때문에 한 잔 두 잔 마시다 보면 수십 잔이 금방 쌓이는 아주 위험한 맥주이기도 하다. 쾰쉬의 황금빛 외관과 풍성한 거품을 보면, 필스너 맥주와 다를 것이 없다는 생각이 들 수도 있다. 뒷맛의 깔끔함은 필스너와 비슷하지만 에일 효모에서 오는 특유의 과일향이 도드라지고 탄산이 필스너에 비해 적은 편이다.

200ml 쾰쉬 전용잔

쾰쉬 **가펠 쾰쉬** Gaffel Kolsch

양조장 가펠 베커 앤 컴퍼니, 독일 | **ABV** 4.8%

한국에서 가장 쉽게 구할 수 있는 쾰쉬 맥주. 청사과, 꽃, 꿀 등의 풍미와 곡물의 고소함이 어우러지고 마시기 편한 청량감까지 갖췄다. 페일 라거만 고집하는 사람에게 특히 추천한다.

뒤셀도르프 명물 알트 비어 (Alt Beer)

'알트 비어'(Alt Beer)에서 'Alt'는 영어로 'Old' 라는 뜻이다. 직역하면 '오래된 맥주'다. 알트비어는 독일 북서부 주인 노르트라인-베스트팔렌(Nordrhein-Westfalen) 지역의 맥주다. 주도인 뒤셀도르프(Düsseldorf)에서 가장 많이 생산되고 소비된다. 알트 비어는 말 그대로 "옛날 방식으로 만든 맥주"이기 때문에 에일 방식으로 생산된다. 라거 맥주가 탄생하기 전 인류는 모두 에일 맥주를 마셔왔으니 '옛날 맥주'인 알트 비어도 당연히 에일 맥주이다.

색깔부터 산뜻한 맛까지 라거의 특징을 지니고 있는 퀼쉬와 달리, 알트 비어는 영국의 에일 맥주처럼 구리색을 띠고 탄산도 적으며 홉의 쓴맛도 잘 드러나 묵직한 풍미가 특징이다. 독일 전역에서 '필스너' 인기가 제일 높지만, 뒤셀도르프에 가면 지역 주민들이 모두 알트 비어를 마시고 있는 모습을 볼 수 있다. 그만큼 주민들의 알트 비어에 대한 자부심이 대단하다. 안타깝게도 한국에 지속적으로 수입되고 있는 정통 '알트 비어'는 없다. 독일 여행을 간다면 꼭 마셔보자.

Beer
Plus

독일의 '맥주 순수령'

독일이 맛있는 맥주를 생산해온 비결은 무엇일까. 많은 사람들이 500년 이상 지켜진 '맥주 순수령'을 꼽는다. 맥주 순수령이란 맥주를 만들 때 맥아와 홉, 물 이외의 원료는 사용하지 못하게 한 법령으로 1516년 4월 23일 독일 남부 바이에른 공국의 빌헬름 4세가 반포했다. 효모의 존재가 아직 밝혀지지 않을 때였으니 순수령의 원료에 효모가 들어가진 않았다.

빌헬름 4세가 맥주 순수령이라는 법률을 만든 이유는 우선 식량 문제를 해결하기 위해서였다. 맥주는 보리로 만든 술이지만 16세기 바이에른 지방에서는 '밀맥주'가 성행했다. 독일식 밀맥주는 보리와 밀을 50%씩 섞어서 에일 방식으로 만든 '헤페바이젠'(바이스비어)을 일컫는다. 당시에도 밀맥주는 보리 맥주보다 목넘김이 부드러워 특히 인기가 많았다. 수요가 많아 너도나도 밀맥주를 생산하다 보니 주식인 빵의 원료 '밀'이 부족해지는 사태에 이르렀다. 제빵업자와 양조업자들은 원료인 밀을 확보하기 위해 경쟁을 해야 했고, 양측의 갈등도 깊어져 사회 문제로까지 커졌다.

빌헬름 4세

또 다른 이유는 맥주의 품질을 높이기 위해서였다. 당시 양조업자들은 맥주에 향초나 향신료, 과일 등을 넣거나, 심지어는 빨리 취하게 할 목적으로 독초를 넣는 경우도 있었다. 빌헬름 4세는 맥주 순수령에 따라 정해진 원료로만 맥주를 만들게 되면 사람들이 좀 더 건강하고 품질 좋은 맥주를 마실 수 있을 것이라고 생각했다.

이러한 문제들을 해결하기 위해 빌헬름 4세는 바이에른 일부 지역에서 실시됐던 맥주 관련 규제를 맥주 순수령으로 통합해 바이에른 공국 전체로 확대시켰다. 이후 1871년 프로이센의 빌헬름 1세(1797~1888)가 독일을 통일하고 황제가 되었을 때 바이에른 공국은 맥주 순수령을 독일 전역에 적용할 것을 요구했다. 이에 1906년부터는 독일 전역에서 맥주 순수령이 적용되기 시작했다. 덕분에 독일 양조장들은 일정한 품질 이상의 예측 가능한 맛이 나는 맥주를 생산하는 데 강점을 갖게 됐다. 반면 맥주 원료에 대한 제한이 없었던 이웃 벨기에의 양조장들은 맥주를 만들 때 과일이나 향신료를 부재료로 활용하는 등 다양한 시도를 할 수 있었다. 오늘날 '독일식 맥주', '벨기에식 맥주'의 특징이 확연하게 다른 것도 이 때문이다.

아이러니한 점은 500년 이상 맥주 순수령이 이어져 내려왔음에도 불구하고, 맥주 순수령에 어긋나는 '밀맥주'인 헤페바이젠이 아직까지 독일 남부의 상징적인 맥주로 남아 있다는 것이다. 밀맥주가 사장되지 않고 지금까지 내려올 수 있었던 건 '맥주 순수령'을 지키지 않고 맥주를 만들어 마셨던 당시 특

2016년 4월 독일 맥주 순수령 500주년 기념잔을 들고 맥주를 마시고 있는 앙겔라 메르켈 독일 총리

권층의 역할이 컸다. 맛있는 밀맥주를 계속해서 마시고 싶었던 귀족들은 몰래 밀맥주를 독점해 만들어 팔았고, 밀맥주는 지하에서 그 명맥을 이을 수 있었다.

어쨌든 맥주 순수령은 독일 맥주 정통성의 핵심이며 지금의 독일 맥주를 있게 한 일등 공신이다. 2016년 열린 맥주 순수령 500주년 기념식에는 앙겔라 메르켈 총리도 참석해 맥주잔을 기울일 정도로 맥주 순수령에 대한 독일인들의 자부심은 매우 강하다.

하지만 최근에는 맥주 순수령 때문에 '소규모 양조장의 개성을 죽이고 공장에서 대량 생산되는 맥주에 유리한 환경을 만들고 있다'는 비판의 목소리도 높아지고 있다. 창의성, 다양성을 핵심 가치로 여기는 크래프트맥주가 비약적으로 발전한 기간 동안 독일의 소규모 맥주 양조장의 활약이 미미했던 것도 맥주 순수령이 뿌리 깊게 자리한 환경 탓이 크다. 이 같은 관점에서 생각해 보면, 오늘날 '맥주 천국' 독일에서 맥주 순수령은 독일 맥주의 강점이자 극복해 나가야 할 대상이기도 한 '양날의 검'인 셈이다.

도르트문트 엑스포트 (Export)

'꿀벌군단'이라고 불리는 독일 축구 프로리그(분데스리가) 도르트문트는 유럽의 강팀이기도 하지만, 한국의 이영표 선수부터 지동원, 박주호 선수까지 인연을 맺은 적이 있어 우리에게 매우 친숙한 팀이다. 하지만 '맥주덕후'라면 도르트문트에는 축구 말고도 '엑스포트'(Export)라는 훌륭한 지역 맥주가 있다는 것을 함께 기억해야 한다.

엑스포트는 철강과 석탄의 도시인 도르트문트에서 탄광 노동자들이 하루 일과를 마치고 마셨던 맥주다. 특히 19세기에 철강, 석탄 산업이 비약적으로 발전하면서 노동자 수가 대폭 늘어났고, 이들이 맥주 소비를 이끌면서 도르트문트의 맥주산업도 급성장하게 되었다. 엑스포트라는 이름은 당시 많은 양이 생산됐던 도르트문트 맥주를 외국에 수출한 데서 유래한 것이다.

라거 맥주에 속하는 엑스포트는 보통의 독일 필스너와 차이점이 명확하지는 않다. 다만, 수출을 위한 품질 유지 때문에 알코올 도수가 일반 필스너보다 1% 가량 높은 5% 이상이며 홉 맛이 비교적 강한 필스너보다 맥아의 특징이 조금 더 강하다. 한국에는 엑스포트 맥주로 '답 오리지널'이 수입되고 있다. 마트에서 쉽게 구할 수 있다.

답 오리지널 DAB Original	
양조장 도르트문트 엑티엔 브라우어하이, 독일	**ABV** 5%
깔끔한 스타일의 엑스포트, 가볍고 편한 목넘김이 좋다.	

맥주의 명품, 벨기에 맥주

벨기에 맥주, 왜 명품일까

크래프트맥주를 좋아하는 사람들은 열이면 열, '벨기에 맥주'를 찬양한다. '덕후' 세계에서 마지막 단계에 해당한다는 '사우어 에일'(Sour Ale)을 잘 만드는 훌륭한 양조장이 벨기에에 많기 때문이기도 하지만, 가장 큰 이유는 벨기에 맥주가 전통적으로 크래프트맥주의 핵심인 '다양성'을 가장 잘 구현하기 때문이다. "이 세상에 와인처럼 다양하고 깊은 풍미를 지닌 술은 없다"고 주장하는 와인 마니아들을 벨기에에 데리고 가서 며칠 맥주를 마시게 한다면 분명 와인만이 가장 다채로운 술이라고 단언하지는 못할 것이다. 독일이 '맥주 순수령' 덕분에 일정한 품질 이상의 예측 가능한 맛이 나는 맥주를 생산하는 데 도가 텄다면, 벨기에에서는 맥주 원료에 대한 제한이 없었기 때문에, 맥주 양조를 할 때 다양한 시도를 할 수 있었다.

벨기에에는 수도원 맥주를 비롯해 상큼한 세종, 밀맥주 벨지안 화이트, '와인 맥주' 플랜더스 레드 에일, 자연발효 맥주인 람빅과 괴즈, 과일 맥주, 스트롱 에일 등 종류를 헤아릴 수 없이 맥주가 다양하다. 벨기에 맥주는 벨기에 맥주 그 자체로도 인정을 받지만, 미국 크래프트맥주 업계에 큰 영향을 끼치기도 했다. 세종, 스트롱 에일, 과일을 넣은 사우어 맥주 등 전통적인 벨기에 맥주 스타일이 미국 크래프트 양조장에서 미국식으로 재해석돼 응용되고 있으며 알라가시(Allagash), 뉴벨지움(New Belgium), 로스트애비(Lost Abbey) 등처럼 벨기에 맥주 스타일로 양조하다가 유명세를 얻은 양조장도 많다.

앞서 설명한 것처럼 오늘날 미국의 아메리칸 와일드 에일도 벨기에식 람빅과 괴즈에서 영감을 얻어 탄생한 것이다. 2014~15년 미국 크래프트맥주 업계에서 대유행했던 '세종' 스타일은 이제 국내 크래프트 양조장에서도 많이 생산될 정도로 대중적인 '여름 맥주'가 되었다. 벨기에의 아주 오래된 맥주들이 현재 맥주의 최신 유행을 선도하고 있다는 건 흥미로운 일이다. 벨기에 맥주를 이해하면 미국 크래프트맥주의 유행과 흐름에 대해서도 더욱 쉽게 파악할 수 있다.

벨기에의 자랑, 트라피스트 맥주 Trappist Beer

다양한 벨기에 맥주 가운데서도 가장 '명품'으로 꼽히는 건 수도원 맥주다. 트라피스트 맥주는 특별한 맥주 스타일을 지칭하는 게 아니라 수도원에서 만든 맥주를 뜻한다. 특히 수도원 가운데 베네딕토회의 후신인 엄률시토회 소속 수도원의 수도사들이 만든 맥주를 '트라피스트 맥주'(Trappist Beer)라고 부른다.

수도원에서 맥주를 빚게 된 이유는 맥주가 훌륭한 영양 보충의 수단이었기 때문이다. 수도사는 사순절(四旬節) 기간에 금식을 하는데, 단식 기간 중에 수분을 취하는 것만큼은 허락되었기 때문에 수도사들은 영양이 풍부한 '액체 빵'인 맥주를 마셨다. 트라피스트 맥주는 수도원에 방문하는 손님에게 접대용으로도 쓰였다.

수도사의 술이었던 트라피스트 맥주의 인기가 높아지자 여러 양조장에서 트라피스트라는 단어를 활용해 맥주를 홍보하기도 했다. 이에 1997년 트라피스트 수도원들이 '진짜 트라피스트' 맥주들을 입증하기 위해 1997년 국제트라피스트협회(ITA)를 결성하고 트라

피스트 맥주에 대한 기준을 명확하게 세웠다. ITA에 따르면, 트라피스트로 인정받기 위해서 지켜야 할 규정이 있다.

첫째, 수도사나 수도사의 감독 아래 생산되어야 한다. 수도원에서 생산수단을 제공하고, 수도원 생활방식에 맞도록 사업이 진행되어야 한다. 둘째, 맥주 판매 수익은 수도원의 유지비와 수도사들의 생계비로만 쓰여야 한다. 영리적인 목적은 허용되지 않는다. 남는 돈은 자선단체에 기부해야 한다. 이렇게 ITA에서 공식 인증을 받아 트라피스트 맥주를 생산하는 수도원은 현재 벨기에 6곳, 네덜란드 2곳, 오스트리아 1곳, 이탈리아 1곳, 미국 1곳을 합쳐 모두 11곳이다. 트라피스트 맥주에는 '오센틱 트라피스트 프로덕트'(Authentic Trappist Product)라는 육각 로고 라벨이 붙는다.

대개 에일 방식으로 만드는 수도원 맥주는 알코올 함량에 따라 엥켈(Enkel, 3~5%)과 두벨(Dubbel, 6~8%), 트리펠(Tripel, 8~10%), 쿼드루펠(Quadrupel, 10~12%)로 나뉜다. 엥켈은 수도원 안에서 수도사만 마시기 때문에 수도원 밖으로 나가는 일이 거의 없다. 몇몇 수도원에 찾아가면 생맥주로 마실 수 있는 기회는 있다. 두벨은 말린 과일향이 강한 어두운 색깔의 맥주다. 트리펠은 밝은 색을 띠고, 홉 캐릭터가 강하다. 쿼드루펠은 가장 어둡고 독하며 풍미가 강한 맥주다.

수도원 맥주	알코올 함량
엥켈 Enkel	3~5%
두벨 Dubbel	6~8%
트리펠 Tripel	8~10%
쿼드루펠 Quadrupel	10~12%

애비 에일 (Abbey Ale)

트라피스트 맥주 외에 또 기억해야 할 것은 '애비 에일'(Abbey Ale)다. 애비 에일은 ITA에서 ATP 로고를 부여받지 않은 수도원 맥주를 뜻하기도 하며, 수도원으로부터 기술이나 라이선스를 받아 상업 양조장에서 대량으로 생산하는 맥주를 의미하기도 한다.

국내에 들어와 있는 맥주 가운데 대표적인 에비 맥주가 AB인베브의 '레페'(Leffe)다. 애비 에일이라고 해서 트라피스트보다 품질이 떨어지지는 않는다. 트라피스트 스타일의 맥주가 너무 먹고 싶은데, 가격 때문에 망설여진다면, 또 구하기 여의치 않다면 애비 에일을 마시면 된다. 다행히 최근 수입 맥주의 인기에 힘입어 웬만한 맥주는 한국 대형마트에 갖춰져 있다.

• **트라피스트 맥주**

벨기에	베스트블레테렌(Westvleteren), 로슈포르(Rochefort), 베스트말러(Westmalle), 시메이(Chimay), 오르발(Orval), 아헬(Achel)
네덜란드	준데르트(Zundert Trappiest Beer), 라 트라페(La Trappe)
오스트리아	엥겔스첼 그레고리우스 트라피스비어(Engelszell Gregorius Trappistenbier)
미국	스펜서 트라피스트 에일(Spencer Trappist Ale)
이탈리아	트레 폰타네(Tre Fontane)

‘명품 위의 명품’

트라피스트 맥주 **베스트블레테렌 12** Westvleteren 12	
양조장 세인트 식스투스 수도원, 벨기에	**ABV** 10.2%

죽기 전에 마셔봐야 할 맥주로 꼽히는 궁극의 트라피스트 맥주. 블레테렌은 3가지 종류의 맥주가 출시되는데 도수에 따라 숫자 ‘6, 9, 12’로 구분된다. 숫자가 높을수록 알코올 도수가 높고 인기가 좋다. 평이 좋은 ‘12’는 쿼드루펠에 속한다. 라벨이 없는 블레테렌 맥주병은 마치 “내가 바로 트라피스트 맥주의 끝판왕”이라고 말하는 듯 도도하다. 탄산이 거의 느껴지지 않을 정도로 부드럽고, 검붉은 과실향과 캐러멜의 단맛, 살짝 올라오는 알코올 부즈의 조화가 훌륭하다. 긴 설명이 필요 없는 최고의 맥주.

애비 에일 **마레드수스 8 브륀** Maredsous 8 Brune	
양조장 듀벨 무르트가트 양조장, 벨기에	**ABV** 8%

마레드수스 수도원의 허락을 받아 듀벨 무르트가트 양조장에서 제조하고 있는 수도원식 두벨. 은은한 볶은 원두와 캐러멜향, 과일향이 자연스럽게 조화를 이룬다. 도수에 비해 알코올 아로마가 잘 느껴지지 않아 마시기 편하다.

PART 5 맥주 더 맛있게 즐기기

계절에 어울리는 맥주

맥주가 '여름용 술'이라고요?

"우리요? 한철 장사죠, 뭐. 여름이 1년 수익의 대부분을 차지합니다."
펍을 운영하는 사람들의 애로사항을 들어보면 거의 비슷하다. 1년 중 맥주가 가장 잘 팔리는 계절은 당연히(?) 여름. 그러니까 이들은 여름 매출에 사활을 걸어야 한다. 맥주 특유의 시원하고 청량한 이미지와 맛 때문일 수도 있지만 1년 내내 맥주를 소비하는 서양인에 비해 한국인에게 맥주는 유독 '여름에 마시는 술'이라는 인식이 강하다. 다양한 맥주 스타일을 접해보지 못하고, 차갑게 마시는 500ml 페일 라거에 익숙하기 때문이다. 하지만 맥주는 매우 다양한 특징을 지닌 술이다. 차디찬 페일 라거 한 잔이 우리의 무더운 여름 나기를 피처링(fearing)해 준다면, 가을과 겨울에 더 적합한 맥주들도 있다.

자, 여기 가을과 겨울에 어울리는 맥주들을 소개한다.

세계에서 가장 규모가 큰, 독일 맥주 축제 '옥토버페스트'(Oktoberfest)

가을에는 가을 맥주

술꾼들에게 술 한 잔 생각나지 않는 날씨가 있겠느냐만 포근한 가을 햇볕 아래 살랑이는 바람을 맞으며 대낮에 맥주 한 잔 걸치는 일은 1년 중 이맘때가 아니면 즐길 수 없는 사치다. 가을에 맥주를 마셔야 하는 이유는 또 있다. 특별한 시즈널(Seasonal) 맥주가 기다리고 있어서다. '수확의 계절'답게 다양하고 신선한 가을용 맥주들이 쏟아져 나와 전 세계 '맥주덕후'들을 설레게 한다. 이번 가을에는 지금 이 순간이 아니면 마실 수 없는, 맛있고 특별한 맥주들을 놓치지 않기를!

유럽 전통의 가을 맥주, 메르첸

메르첸 맥주는 빼놓을 수 없는 가을 맥주다. 메르첸은 세계에서 가장 유명한 독일 맥주 축제인 '옥토버페스트'를 겨냥해 출시되는 '축제용 맥주'로 잘 알려져 있다. 가을 맥주답게 불그스름한 단풍색을 띠고 맥아에서 오는 캐러멜류의 달콤함, 고소한 견과, 비스킷 맛이 나는 것이 특징인 비엔나 라거(엠버 라거) 계열 맥주다.

메르첸이 '가을 맥주'가 된 사연은 냉장고가 발명되기 전인 수백년 전으로 거슬러 올

칼스트라우스 옥토버페스트 Karl Strauss Oktoberfest
양조장 칼스트라우스 브루잉 컴퍼니, 미국
ABV 5.0%
볶은 맥아의 고소함과 달콤함, 노블 홉의 풍미가 조화로워 가볍게 술술 넘어간다. 전형적인 옥토버페스트 비어(메르첸)의 특징이 잘 나타나는 맥주.

라간다. 당시 여름은 더위 때문에 맥주를 양조하기가 매우 힘든 시기였다. 온도가 높으면 부패에 관여하는 효모의 활동이 활발해져, 맥주가 금방 상해버리기 때문이다. 특히나 10도 이하의 저온에서 발효되는 '라거 맥주' 양조는 날씨의 영향을 절대적으로 받았다. 에일보다는 라거 맥주 양조가 발달했던 독일에서는 따뜻한 바람이 불어오기 전인 3월에 맥주를 만들어 동굴 속과 같이 서늘한 장소에 보관했다가 가을에 마셨다. 메르첸은 독일어로 3월이라는 뜻이다. 오랜 세월 독일인들은 메르첸을 마시고 비로소 가을이 온 것을 실감했을 것이다.

냉장 기술이 발전하면서 지금은 계절과 상관없이 원하는 맥주를 만들 수 있지만 오늘날에도 유럽과 미국의 많은 양조장들은 매년 가을, 메르첸 맥주를 출시하고 있다. '보스턴 라거'로 유명한 미국의 사무엘 아담스가 가을마다 내놓는 '옥토버페스트 비어'도 독일의 전통을 미국식으로 재해석한 메르첸 맥주다. 날씨가 쌀쌀해지면 갈증이 줄어들기 때문에 여름에 마시는 가벼운 맥주보다 좀 더 묵직하고 몰트의 특성이 살아나는 고소한 메르첸 맥주가 잘 어울린다.

할로윈데이와 호박 맥주

10월의 마지막 날인 할로윈데이에는 호박이 들어간 '펌킨 에일'(Pumpkin Ale)을 마셔야 한다. 미국에서는 가을에 호박이 넘쳐나도로 한 켠에 쌓여 있는 광경을 쉽게 볼 수 있다. 추수감사절 음식으로 꼭 호박파이를 만들어 먹는 미국인들은 맥주에도 호박을 넣어 마신다. 펌킨 에일은 할로윈데이를 겨냥해 집중적으로 출시되는 완벽한 가을 맥주다.

펌킨 에일은 미국 크래프트맥주계 메이저급 양조장들이 가을마다 빼놓지 않고 출시할 정도로 인기가 많다. 호박 맥주를 좋아하는 사람들은 펌킨 에일이 나오는 가을만 손꼽아 기다리는가 하면 싫어하는 사람들은 쳐다보지도 않을 정도로 유독 호불호가 뚜렷하게 갈리는 맥주이기도 하다. 이는 펌킨 에일에 호박 퓨레와 함께 정향, 계피, 생강 등의 향신료가 많이 들어가기 때문이다. 호박에서 나오는 달콤함과 향신료 특유의 향들이 어우러져 독특한 맛을 낸다.

펌킨 에일은 가장 미국스러운 맥주이기도 하다. 영국 식민지 초기 시절, 미국에선 양조에 쓰이는 주요 원료인 몰트가 아주 귀했다. 그 대신 쉽게 얻을 수 있는 옥수수나 호박, 사과 등을 맥주에 넣기 시작한 것이 오늘날 호박 맥주의 기원이다. 1771년 미국 철학회(American Philoshophical Society)가 펌킨 에일 레시피를 처음 기록한 것만 봐도 호박 맥주의 역사가 꽤 오래됐다는 것을 알 수 있다.

이후 1800년대까지 호박이 들어간 맥주는 미국에서 흔한 술이었다. 1920년대

폴 호닌 펌킨 에일
Fall Hornin' Pumpkin Ale

양조장
앤더슨 밸리 브루잉 컴퍼니, 미국

ABV 6.0%

생호박을 넣어 양조하여 호박의 맛과 향을 풍부하게 느낄 수 있는 펌킨 에일.

금주령 이후로 자취를 감춘 호박 맥주가 다시 등장한 것은 1980년대 크래프트맥주 열풍이 시작된 이후다. 창의적이고 개성이 강한 맥주를 만들고자 했던 소규모 양조장의 양조사들은 식민지 시대의 아픔이 담긴 이 오래된 맥주의 레시피를 변주해 세상에 내놓았고, '할로윈에 마시는 맥주'라는 마케팅에도 성공하면서 펌킨 에일은 미국의 대표적인 시즈널 맥주의 하나로 굳어졌다.

할로윈이 미국 축제이다 보니 국내에선 펌킨 에일이 생소하게 여겨질 수도 있다. 그러나 매해 가을이 지나가는 것이 아쉬운 이들이라면 꼭 맛봐야겠다. 맥주 맛에 반해 매년 호박 맥주가 나오는 가을만을 기다리게 될지 모르니 말이다.

윈터 워머, 겨울 맥주

"날씨야, 아무리 추워봐라. 내가 옷 사입나 술 사먹지."

바람이 부쩍 불어 추워지는 초겨울, 주당이라면 쌀쌀한 출근길, 외투 단추를 잠그며 이런 생각을 한번쯤 해본 적 있을 것이다. 무더운 여름 시원한 맥주 한 잔이 갈증 해소 역할을 한다면, 겨울에 마시는 술은 우리 몸을 따뜻하게 데워 추위를 이겨내도록 도와준다.

겨울 맥주의 클래식, 스타우트(Stout)와 굴

가장 널리 알려진 '겨울 맥주'는 스타우트(또는 포터)다. 색깔은 석탄처럼 검고 커피, 다크초콜릿, 바닐라 등의 향이 나며 묵직한 바디감이 특징인 스타우트는 탄산이 강하지 않은 편이고 서빙 온도도 13도일 때 최상의 맛과 향을 즐길 수 있어 겨울에 제격이다.

스타우트는 특히 겨울이 제철인 '굴'과 환상의 궁합을 자랑한다. 굴 알맹이를 입으로 쏙 빨아들이고 나면 굴 특유의 바닷내음이 밀려오면서 달큰한 짭잘함, 고소함이 입안에 가득 퍼지는데 구운 보리에서 얻어지는 쌉쌀한 스타우트가 짭잘한 굴맛을 한층 살려주고, 비릿함은 잘 잡아준다.

'스타우트+굴' 조합의 원조는 영국이다. 과거 저소득층 영국 노동자들이 겨울철 일을 마친 뒤 저렴하게 구입할 수 있는 굴을 스타우트와 함께 먹었다고 한다. 아일랜드 서쪽 골웨이에서는 1954년부터 매년 성대한 '굴 축제'가 열리는데 이 이벤트의 메인 후원사가 세계적인 스타우트 맥주회사인 '기네스'(Guiness)다. 이쪽 지역 사람들이 얼마나 스타우트와 굴을 사랑하는지 알 수 있다.

발리 와인 **보멘 앤 크라나튼**
Bommen & Granaten

양조장
드몰렌 브루어리, 네덜란드

ABV 11.9%

'폭탄과 수류탄'이라는 뜻의 이름을 지닌 고도수 발리 와인. 발리 와인을 스페인 리오하 와인 배럴에 숙성시켜 진짜 와인과의 접점을 만들어낸 맥주.
자두, 크렌베리 등의 뉘앙스에서 오는 새콤함과 캐러멜 뉘앙스의 달콤함이 조화로워 높은 도수임에도 잘 넘어간다.

이후 스타우트와 굴을 함께 먹는 문화는 전 세계로 퍼져 오늘날 '겨울 맥주'의 상징이 됐다. 미국에서는 '오이스터(Oyster, 굴) 스타우트'라는 이름의 크래프트 맥주도 나올 정도다. 우리에게 알이 꽉 찬 굴은 겨울철 최고의 술안주다. 익히지 않은 해산물 요리가 비교적 덜 발달한 서양에서도 오래전부터 생굴만큼은 즐겨온 것을 보면, 굴이야말로 일찍이 '글로벌 주당'들의 입맛을 사로잡은 최고의 안주 아닐까. 우리가 굴에 초장을 찍어 소주를 곁들인다면, 스타우트를 먹을 때는 굴 위에 레몬을 살짝 짜서 먹는 것이 일반적이다.

발리 와인 Barley Wine

또 다른 겨울 맥주는 발리 와인이다. 직역하면 보리와인이라는 뜻이다. 이름에 '와인'이 들어가 정체성에 의심을 받을 수 있겠지만 발리 와인은 포도를 사용하지 않은 완벽한 에일 맥주다.

그럼에도 와인이라는 이름이 붙은 이유는 알코올 도수가 와인(12~14%)과 비슷하고, 발효 숙성 과정이 보통 맥주보다 길어 와인 못지않게 복잡하고 깊은 풍미를 느낄 수 있기 때문이다. 발리 와인은 '스트롱 에일'(Strong Ale)이라고도 하는데, 이 역시 높은 알코올 도수를 뜻한다.

발리 와인은 1800년대 후반 영국의 브루어리들이 맥주의 부패를 막기 위해 많은 양의 맥아를 쓰는 방식으로 알코올 함량을 높여 만든 데서 유래했다. 1903년 최초로 발리 와인을 상업화한 영국의 배스(Bass) 브루어리는 당시 의학잡지에 "소화불량, 불면증, 빈혈로 고생한다면 발리 와인을 마셔보라"는 광고를 냈는데 '겨울철 특효약'으로 인기가 있었다고 한다. 그러나 브루어리들은 높은 알코올 도수를 내기 위한 맥아 원료비와 세금을 지속적으로 감당하지 못했고, 점차 발리 와인을 만드는 양조장도 사라져 갔다.

발리 와인이 대중적으로 알려지게 된 것도 역시 미국에서 크래프트맥주가 본격적으로 뿌리를 내리기 시작한 1980년대부터다. 역사 속으로 사라질 뻔한 영국의 발리 와인도 이때 되살아나 오늘날 최고의 '겨울 맥주'가 됐다.

발리 와인은 한두 모금만 마셔도 몸이 후끈 달아오르는 느낌을 받을 수 있어 겨울철 몸을 녹여주는 '윈터 워머'(Winter Warmer) 용으로 가장 적합하다. 발리 와인은 주로 호박색이나 검은색에 가까운 어두운 색을 띠고, 수개월의 숙성 과정을 거치지만 미국과 영국 스타일은 약간 다르다. 영국 발리 와인은 홉과 맥아 맛의 균형이 잘 잡혀 있고 알코올 함량이 다소 낮은 편(8~10%)이다. 반면 미국식 발리 와인은 알코올 도수가 더 높고, 영국 발리 와인보다 훨씬 더 많은 양의 홉이 들어간 것이 특징이지만, 이 또한 양조장마다 다르다.

일반적으로 발리 와인은 겨울에 출시된다. 발리 와인의 장점은 구입 후 길게는 몇 년 동안 보관해도 무방하다는 점이다. 바로 마셔도 좋지만, 병 안에서 숙성되면서 더 깊은 풍미와 의외의 맛을 보여줄 수도 있으니 발리 와인을 구입할 때는 '라거'처럼 제조일자에 크게 연연하지 않아도 된다. 평소 "맥주는 많이 먹어야 취한다"며 맥주를 멀리해왔다면 올 겨울, 발리 와인에 도전해보기를 바란다. 소량의 맥주로도 충분히 따뜻한 겨울을 보낼 수 있을 것이다.

"세상에서 맥주 첫 한 모금의 맛을 당할 만한 것은 없다."
_존 스타인벡

맥주 페어링,
맥주가 음식을 만났을 때

맥주와 가장 잘 어울리는 음식은 무엇일까? 물론 사람의 입맛은 매우 주관적이므로 딱 떨어지는 정답은 없을 테지만, 10명 중 8명은 '치킨'이라고 답할 것이다. '치맥(치킨+맥주)'은 한국인의 소울푸드(Soul Food)이니까 말이다. 실제로 시원한 라거 맥주는 청량감이 뛰어나고 깔끔해 프라이드치킨의 느끼함을 잘 잡아준다. 비슷한 원리로 치즈를 듬뿍 얹은 피자와 바삭하게 튀긴 군만두도 라거 맥주의 훌륭한 짝꿍이다. 그러나 단지 튀긴 음식이나 느끼한 요리만이 맥주와 환상적인 궁합을 이루는 것은 아니다.

맥주도 음식처럼 종류에 따라 천차만별 다양한 향과 맛을 내뿜기 때문에 각각의 맥주에 어울리는 안주도 제각각이다. 특히 최근 크래프트맥주 열풍이 불면서 맥주와 함께 즐기는 음식 또한 기존의 '치맥', '피맥(피자+맥주)' 등을 벗어나 다양한 페어링(Pairing)이 시도가 되고 있다.

맥주와 잘 어울리는 음식을 고르는 맥주 페어링에 정답은 없다. 그러나 다음 세 가지 페어링 원칙을 기억한다면 맥주뿐만 아니라 술과 어울리는 음식을 찾는 것이 한결 수월해질 것이다.

첫째, 서로의 맛을 잡아줄 수 있는 조합이다. 예를 들어 치킨과 라거 맥주는 각각 느끼함과 깔끔함으로 반대되는 특징을 지닌다. 이런 페어링은 맥주와 음식이 서로 싫증 나지 않도록 도와준다.

둘째, 비슷한 맛을 증폭시킬 수 있는 조합이다. 시큼한 맛이 나는 홍어 혹은 각종 치즈와 사우어 맥주, 브라우니와 스타우트 등의 조합이 여기에 속한다. 비슷한 맛이 입안에서 합쳐져 해당 맛의 진수를 느낄 수 있다. 같은 이치로 훈연향이 가득한 라우흐 비어와 훈제오리, 베이컨, 소시지 등을 함께 먹으면 더욱 풍부한 훈연향을 느낄 수 있을 것이다.

셋째, 양념이 강한 음식은 강한 맥주와, 옅은 음식은 옅은 맥주와 매칭하는 방법이다. 음식의 맛이 강렬하지 않은 생선회 같은 음식은 라거나 페일 에일처럼 맛의 특징이 강렬하지 않은 맥주와 잘 어우러진다. 반면 간장 양념으로 고기를 재운 불고기, 갈비 등은 스타우트나 포터처럼 묵직한 맥주와 궁합을 이룬다. 맥주 맛 자체에 큰 특징이 없는 페일 라거는 대체적으로 모든 음식과 잘 어울린다. 음식에 어울릴 만한 마땅한 맥주가 없다면 그냥 페일 라거를 선택하면 되겠다.

추천 페어링

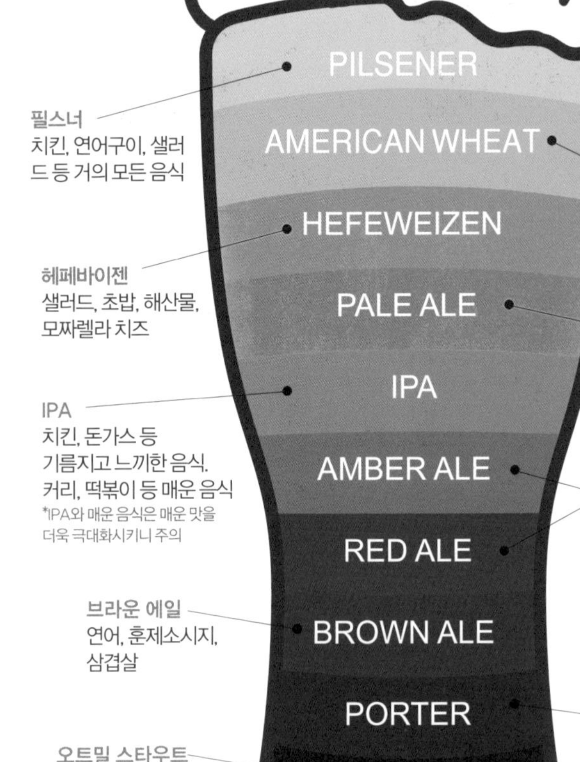

필스너
치킨, 연어구이, 샐러드 등 거의 모든 음식

미국식 밀맥주
샐러드, 초밥, 해산물

헤페바이젠
샐러드, 초밥, 해산물, 모짜렐라 치즈

페일 에일
버거, 체다 치즈, 푸딩, 생선회

IPA
치킨, 돈가스 등 기름지고 느끼한 음식.
커리, 떡볶이 등 매운 음식
*IPA와 매운 음식은 매운 맛을 더욱 극대화시키니 주의

엠버 에일/레드 IPA
해산물, 닭고기, 매운 음식

브라운 에일
연어, 훈제소시지, 삼겹살

포터
쿠키, 초콜릿케이크, 불고기, 갈비, 떡갈비, 찜닭, 자장면

오트밀 스타우트
체다 치즈, 쿠키, 초콜릿케이크

기타 추천 페어링

① IPA, 페일 에일 : 햄버거, 피자, 치킨, 순대

• IPA의 화려한 과일, 풀향과 드라이한 뒷맛이 기름지고 느끼한 음식과 잘 어울린다.

② 플랜더스 레드 에일 : 탕수육, 치즈

• 새콤한 플렌더스 레드 에일이 새콤달콤한 탕수육 소스의 맛을 증폭시킨다.

• 와인과 비슷한 맛이 나는 플랜더스 레드 에일은 각종 치즈와도 훌륭하게 조합된다.

③ 스타우트 : 자장면, 불고기, 갈비, 초콜릿케이크, 초콜릿쿠키

• 스타우트와 자장면을 먹으면 자장면의 춘장 맛이 잘 살아나 더욱 깊은 자장 맛을 즐길 수 있다.

• 한국의 간장양념 음식과도 조화롭다. 불고기와 갈비, 떡갈비 등과 시도해보기를 추천한다.

• 스타우트를 초콜릿케이크, 초콜릿쿠키와 함께 먹으면 환상의 디저트가 된다. 스타우트가 머금은 다크초콜릿 맛이 풍부하게 살아난다.

④ 괴즈 : 홍어회

• 시큼한 괴즈와 시큼한 홍어회가 만나면 입안에서 달콤한 맛이 폭발한다. 한번 중독되면 빠져나올 수 없는 조합이다.

맥주, 어떻게 마시면 더 맛있을까?

맥주 종류에 따라 달라지는 잔 모양

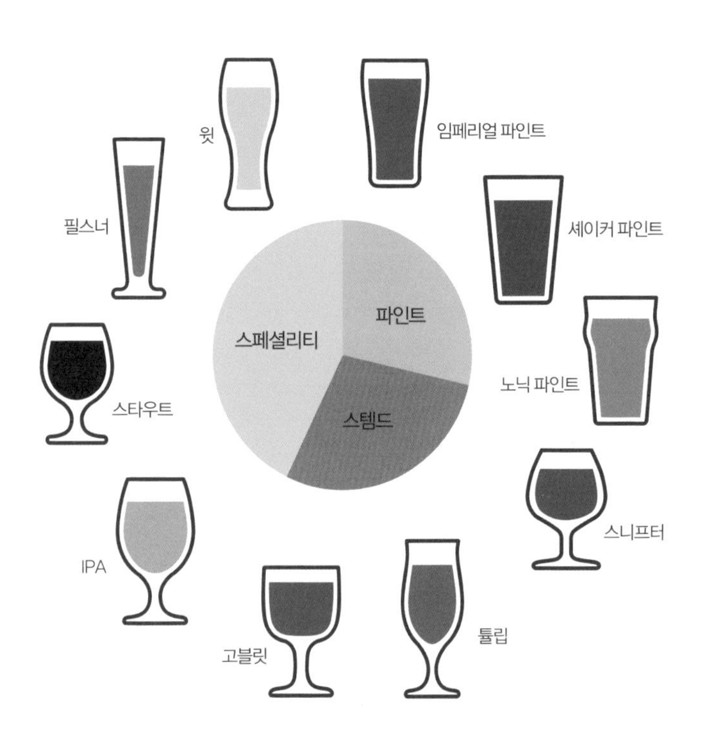

스타일별 적합한 잔 고르기

맥주의 편리함은 캔이나 병째로 들이키는 데 있지만, 맥주를 맛있게 마시고 싶다면 반드시 잔에 따라서 마실 것을 추천한다. 캔, 병째로 마시면 맥주 고유의 향이나 맛을 느낄 수 없기 때문이다.

특히 스타일별로 맛과 득징이 큰 차이가 나는 크래프트맥주라면 스타일에 따라 적합한 잔에 담아 마셔야 해당 맥주의 진수를 맛볼 수 있다. 맥주 종류만큼이나 맥주잔이 다양한 이유다. 하지만 펍을 운영할 것도 아니고, 취미로 맥주를 즐긴다면 굳이 여러 가지 잔을 갖추고 있을 필요는 없다. 크게 세 가지 종류의 맥주잔만 있어도 웬만한 맥주는 맛있게 마실 수 있다. 정 여건이 안 된다면 좋은 레드 와인 잔을 하나 사서 따라 마셔도 된다.

파인트 (Pint)

라거나 페일 에일처럼 맛과 향, 풍미가 강렬하지 않아 벌컥벌컥 들이킬 수 있는 맥주는 일반적인 파인트(Pint)에 마신다. 파인트처럼 입구가 넓은 잔은 옅은 아로마를 가진 맥주 스타일의 향을 느끼기에 적합하기 때문이다.

파인트는 특히 페일 에일이나 포터를 많이 마시는 영국 펍에서 많이 사용되는데 용량이 500ml보다 조금 많은 640ml다. 라거, 페일 에일, 포터뿐만 아니라 쾰쉬 등 무난한 맥주에 모두 잘 어울리는 기본 잔이다.

튤립 (Tulip), 고블릿 (Goblet)

복합적이고 우아한 향과 풍미를 갖춘 세종, 와일드 에일, 벨지안 스트롱 에일 등의 맥주를 마실 때 주로 사용된다. 맥주를 따르고 나서 컵을 돌려 향을 느낄 수 있으며 맥주의 색을 즐기기에도 적합한 디자인이다. 와인 잔처럼 맥주에 체온이 전달되지 않도록 잔 아랫부분을 잡도록 디자인 된 것이 특징이다.

튤립 잔은 입구 쪽이 닫혀 있어 맥주가 지닌 향을 오랫동안 잡아둘 수 있다. 반면 고블릿 잔은 입구가 넓어 더욱 강렬하게 향을 느낄 수 있다. 고블릿 잔은 특히 트라피스트 맥주를 마실 때 사용된다. 튤립과 고블릿 모두 와인 잔으로 대체 가능하다.

고블릿

밀맥주 전용잔

밀맥주를 마실 때 길쭉한 밀맥주 전용잔에 따라 마시면 효모의 특징이 더 잘 느껴진다. 아랫부분이 허리처럼 쏙 들어가 그립감이 좋으며 뿌연 맥주의 색을 감상할 수 있다. 거품이 풍성하게 올라와 있는 모습은 맥주 맛을 더해준다.

밀맥주
전용잔

스타일별로 적정 온도에서 보관하기

맥주 보관의 기본 원칙은 냉장고에 보관하고 최대한 빨리 마시는 것이다. 맥주는 신선한 맥주, 이동을 하지 않은 맥주가 맛있다. 특히 홉의 성질이 강한 맥주나 도수가 낮은(알코올 도수 5~6%) 맥주는 더더욱 냉장 보관과 신선도에 신경을 써야 한다. IPA나 페일 에일 같은 경우 캔입, 병입된 지 한 달 이내로 마시는 것을 추천한다. 아무리 홉이 많이 들어가고 잘 만든 IPA라 해도 수개월이 지나면 홉이 다 빠져버려 맥아 맛만 나서 허무할 때가 많다. 헤페바이젠도 신선할 때 마셔야 맛있는 맥주다.

저장과 숙성에 적합한 맥주는 따로 있다. 오크통에 숙성된 벨기에의 괴즈, 미국의 와일드 에일 등이 대표적이다. 이런 맥주들은 사실상 상미기한(품질유지 기한)이 의미가 없다고 봐야 한다. 시간이 지나면 숙성되면서 계속 맛이 변한다. 해당 맥주를 수입하거나 생산할 때 반드시 유통기한을 표시해야 하는 법률 때문에 병이나 캔 한쪽에 제조일자와 상미기한이 표시된 스티커가 붙어 있지만 날짜가 지났어도 신경 쓸 필요가 없다. 도수가 높은 임페리얼 스타우트, 스트롱 에일(발리 와인) 등도 비교적 오래 보관할 수 있는 맥주다.

올드 스탁 에일 Ols Stock Ale

양조장 노스코스트 브루잉 컴퍼니, 미국	**ABV** 12%

오래 숙성시켜 마시면 더 깊은 풍미를 맛볼 수 있는 스트롱 에일(발리 와인). 빈티지별로 맛이 다르고 또 숙성되는 시간에 따라 맛이 변하기 때문에 빈티지별로 비교 시음하는 재미가 있는 맥주다. 맥주 마니아들은 그 해 출시되는 올드 스탁 에일을 3병씩 구매하여 1병은 바로 마시고, 나머지 2병은 각각 1년, 2~3년을 숙성시켜 새롭게 출시되는 빈티지 맥주와 함께 시음한다. 예를 들어 2017년에 생산된 올드 스탁 에일을 구매하면 2018년, 2019년 맥주 출시까지 1병씩 보관했다가 3가지를 한번에 시음해보는 것이다. 숙성에 따라 얼마나 맛이 변하고 특성이 다른지 만끽할 수 있다.

맥주 자격증

맥주에도 자격증이 있다. 물론 맥주를 즐기기 위해서 굳이 자격증까지 딸 필요는 없지만, 맥주 지식을 체계적으로 알 수 있고 더욱 즐거운 취미 생활을 할 수 있다는 점에서 자격증 공부는 충분히 가치가 있다. 국내에서는 다음과 같은 3가지 자격증을 취득할 수 있다.

홈브루잉 공인 심사위원(BJCP)

BJCP는 'Beer Judge Certification Program'(맥주 심사·평가 자격 프로그램)의 약자로, 1985년 미국에서 홈브루어들이 홈브루잉 맥주를 평가하기 위해 만든 가이드를 뜻한다. BJCP 시험을 통과하면 홈브루잉 대회에서 심사위원으로 참가해 출품작을 평가하고, 출품된 맥주를 맛본 뒤 평가서를 작성해, 대회에 참가한 홈브루어에게 맥주에 대한 피드백을 해줄 수 있는 자격이 주어진다. 현재 전세계에서 이 자격을 갖춘 사람은 약 1만 명이며, 이 중 약 6,000명이 실질적인 활동을 하고 있다. 크래프트맥주와 홈브루잉이 세계적인 인기를 구가하고 있다보니 BJCP는 최근 아시아까지 확산되었다. 아시아에서는 홍콩, 대만, 중국 등을 중심으로 50~60명의 BJCP가 존재한다. 2016년까지만

해도 한국에서 BJCP 자격증을 취득하려면 미국이나 중국에 가야 했지만 2017년부터 국내에 정식 도입되어 쉽게 시험을 치를 수 있게 되었다. 1차 온라인 필기시험을 통과한 뒤, 2차 실기시험에 최종 합격해야 한다. 실기시험은 맥주 블라인드 테이스팅을 통해 해당 맥주의 스타일을 맞추는 방식으로 진행된다.

시서론(Certified Cicerone)

시서론은 전 세계 맥주 전문가 평가를 위해 세계적인 기준으로 통용되고 있는 공인인증 프로그램이다. 펍이나 레스토랑에서 최종적으로 맥주를 서빙하는 사람이 소비자에게 최상의 상태로 맥주를 제공하기 위한 모든 지식을 가르친다. 맥주에 대한 기본 지식을 비롯해 맥주 관련 설비 및 품질유지 방법, 문화 등까지 배울 수 있다. 특히 맥주와 어울리는 음식에 대해 제대로 배울 수 있다.

시서론은 총 4단계로 자격증이 나뉘어져 있다. 공인 맥주서버(Certified Beer Server), 공인 시서론(Certified Cicerone), 어드밴스트 시서론, 마스터 시서론(Master Cicerone)이다. 2단계까지 합격하면 전문성을 인정해준다.

되멘스 비어 소믈리에(Doemens Biersommelier)

독일맥주교육기관인 되멘스 아카데미에서 주관하는 자격증으로, 전 세계 7개 국가(독일, 미국, 이탈리아, 스페인, 오스트리아, 브라질, 한국)에서 프로그램이 진행된다. 맥주의 역사, 재료의 이해, 세계맥주 스타일, 양조기술, 감각훈련, 시음, 음식 페어링, 글라스 관리, 생맥주 기자재 등의 교육 프로그램으로 이루어져 있고, 수업을 모두 들어야 시험을 칠 수 있는 자격이 주어진다. BJCP나 시서론이 스스로 공부해서 누구나 칠 수 있는 시험이라면, 되멘스 비어 소믈리에는 강의 위주의 자격증인 셈이다. 교육 수료와 시험을 통과한 사람에게는 독일어로 된 비어 소믈리에 자격증이 부여되고, 상위단계인 디플롬 비어 소믈리에(Diplom Biersommelier)로 업그레이드할 수 있는 자격이 생긴다.

맥주, 실전 내공 쌓기

1

서울의
가볼 만한 맥주 펍
Pub

지금,
당신을 부르는 펍

맥주를 잘 알기 위해서는 직접 마셔보는 것만큼 중요한 일도 없다. 맥주에 대한 기초적인 지식을 쌓았으니 이젠 마음껏 맥주를 마시며 내공을 쌓을 차례다. 소개할 펍들은 크래프트맥주를 취급하는 곳으로, 필자가 그동안 취재와 경험을 통해 엄선한 곳이다. 크래프트맥주를 어디서 마셔야 할지 망설여진다면, 다음 펍들을 찾아가 다양한 맥주의 세계에 흠뻑 젖어보자.

크래프트브로스

크래프트맥주는 힙하다!

"크래프트맥주=힙하다"는 이미지를 만드는 데 큰 공헌을 한 펍. 감각적인 실내 분위기가 맥주 맛을 더해준다. 한국 크래프트맥주가 막 알려지기 시작했을 무렵인 2012년에 영업

을 시작했다. 자체 맥주인 '강남 페일 에일', '스노우 화이트 에일'을 비롯해 다양한 외국 크래프트맥주를 탭으로 판매한다. 한켠에 보틀숍이 있어 펍에서 생맥주를 마시고, 쇼핑까지 즐길 수 있다.

서울 서초구 사평대로22길 18 | craftbros.co.kr

강남 페일 에일 Gangnam Pale Ale

양조장 퍼글스 앤 워록, 캐나다	ABV 5.9%

크래프트브로스의 대표 자체 맥주로, 홉의 과일향이 풍부해서 마시기 편한 아메리칸 페일 에일이다. '강남'이라는 지역명을 사용해 크래프트맥주가 생소한 손님에게도 쉽고 재밌도록 어필했다. 강남 페일 에일은 현재 마트나 보틀숍에서도 구입할 수 있는데, 사실 강남지역에서 생산한 것은 아니고, 캐나다의 퍼글스 앤 워록 브루어리(Fuggles & Warlock)에서 생산해 역수입한 것이다.

다이닝펍 '공방'

카브루 브루어리 직영 크래프트하우스

경기도 청평에 위치한 '카브루' 양조장이 직영하는 서울 탭하우스로, 카브루가 생산하는 맥주를 가장 신선한 상태에서 맛볼 수 있다. 카브루는 한때 위탁양조 전문 브루어리였지만, 2013년 식품기업 진주햄이 카브루를 인수하면서 카브루만의 맥주를 만들기 시작했다. 실험적인 스타일의 맥주를 만들기보다는 페일 에일, IPA, 바이젠 등 대중적인 스타일의 맥주 생산에 집중하는 편이다. 그러다 보니 카브루 맥주가 '맥주덕후'들에게는 관심을 조금 덜 받는 경향이 있으나 실제로 카브루 맥주를 마셔보면 완성도가 상당히 높다는 걸 알 수 있다.

모기업인 진주햄의 육류 가공품으로 만드는 맛있는 안주도 장점이다. 2층으로 된 매장이 넓어서 답답하지 않고 테이블 간격도 널찍해 여러 명이 배불리 먹고 마음껏 웃고 떠들기 좋은 분위기다. 회식 장소로 특히 좋다.

서울 서초구 반포동 서래로6길 7 | kabrew.co.kr

피치 에일 Peach Ale

양조장
카브루 브루어리, 한국

ABV 4.5%

맥주초보라면 마시기 편한 피치 에일이 딱! 숙성과정에서 복숭아 원액을 첨가해 향이 은은하고 청량감이 좋은 과일 맥주. 목 넘김이 부드럽고 입안 가득 퍼지는 향긋함 때문에 남녀노소 좋아하지만 특히 여성에게 인기가 많은 맥주.

모자익 IPA Mosaic IPA

양조장
카브루 브루어리, 한국

ABV 6.5%

IPA를 좋아한다면 열대과일향이 팡팡 터지는 모자익 IPA가 딱! 인디아 페일 에일 타입의 맥주로 감귤, 장미, 블루베리 등의 향을 머금은 모자익 단일 홉을 사용해 쓴맛이 적다. 가장 많은 사랑을 받고 있는 맥주.

퐁당 크래프트비어 컴퍼니

크래프트맥주 시장의 리트머스 시험지

신사동 '퐁당'은 '맥주덕후'라면 한번쯤은 가봤을 펍이다. 맥덕들이 많이 드나드는 곳이어서 많은 수입사들이 맥주를 처음으로 소개하는 탭테이크오버(Tap Takeover) 행사를 이곳에서 진행한다. 맥주에 대한 반응이 좋으면 물량이나 거래처를 늘려가는 등 시장 반응을 미리 체크해볼 수 있기 때문이다. 이 때문에 다양한 행사가 많고, 해외 유명 크래프트맥주가 가장 빨리 들어오는 편이다. 손님 가운데 맥주 마니아가 많기 때문에 이에 응대하는 직원들 역시 상당한 맥주 지식을 갖추고 있다. 바(Bar)에서 '신상 맥주'를 즐기다가 언제든지 궁금한 점을 매니저에게 물으면 양질의 답변을 들을 수 있다는 것 또한 장점이다. 단, 맥주 위주의 펍이라 안주 메뉴가 부실하니 식사를 하고 가는 편이 좋다.

서울 강남구 압구정로2길 49 | facebook.com/pongdangcbc

링고

생맥주 관리의 살아있는 전설

생맥주에서 가장 중요한 것은 뭐니 뭐니 해도 '탭 관리'다. 탭 관리를 어떻게 하느냐에 따라서 맥주 맛이 완전히 달라지기 때문이다. 링고는 '생맥주 관리'에 있어 자타공인 한국 최고다. 크래프트맥주라는 개념조차 없었던 1990년대 서울대 인근 녹두거리에서 펍을 시작한 이상태 대표는 오랜 시간과 경험을 통해 '생맥주 관리'의 살아있는 전설로 거듭났다. 20년간 관악구민과 서울대생들의 사랑방으로 존재해온 링고는 엄격한 품질 관리와 뛰어난 맥주 맛으로 입소문이 나면서 관악구에 3호점까지 생기는 등 확장에 성공했다.

맥주 맛은 1호점이, 분위기는 2호점이 가장 좋다. 거품이 풍성하고 신선한 생맥주가 마시고 싶다면 1순위로 가야 할 펍이다.

서울 관악구 신림로 85

리틀 앨리캣 Little Alley Cat

마포에 숨겨진 보석 같은 펍

리틀 앨리캣은 '아는 사람들만 줄기차게 가는 펍'이다. 펍을 향한 손님들의 충성도가 수치화될 수 있다면 리틀 앨리캣이 가장 높은 점수를 받지 않을까. 아담한 크기의 펍을 운영하는 이태훈 사장은 맥주에 대한 해박한 지식을 바탕으로 탭을 선택하고 관리하는 능력이 탁월하다. 손님 입장에서는 이곳 맥주는 믿고 마셔도 된다는 강한 믿음이 생긴다. 리틀 앨리캣에 간다면, 맥주는 취향껏 주문하되 안주는 꼭 '육포'를 시키는 것을 잊지 말자. 수제 육포를 구워 내주는데 이 펍은 '육포 맛집'이라고 불려도 될 정도다. 그밖에 안주들도 가격 대비 맛이 뛰어나다. 인근 주민이라면 주말 저녁 트레이닝복에 슬리퍼 차림으로 나와 친한 지인과 두런두런 이야기를 나누기에 좋다. 포근하고 아늑한 분위기도 매력을 더한다.

서울 마포구 성지3길 22

미스터리 브루잉 컴퍼니

미국 최신 트렌드 맥주가 한곳에

'도심 속 가장 신선한 양조장'을 표방하는 미스터리 브루잉은 매장 안에서 맥주를 제조하고 판매하는 '브루펍'이다. 미스터리 브루잉만의 특징은 미국에서 최신 유행하는 맥주 스타일을 양조한다는 점이다. 이인호 대표는 홈브루어 출신으로 한국에서 가장 높은 점수로 BJCP 자격증을 취득한 맥주 전문가이며, 해마다 맥주를 마시러 미국에 가는 이승용 대표는 신사동, 이태원 등에서 크래프트맥주 펍 '퐁당'을 업계에 안착시켜 해당 분야에 잔뼈가 굵다. 이들이 심혈을 기울여 만든 뉴잉글랜드 IPA, 사우어, 커피 스타우트 등 미국 최신 트렌드의 맥주들은 대체로 산뜻하고 가벼운 음용성을 자랑해 맥주초보들도 편히 즐길 수 있다. 맥주만이 아니라 음식에도 신경을 쓰기 때문에 괜찮은 수준의 이탈리안 다이닝 메뉴를 갖추고 있다는 점도 장점이다.

서울 마포구 독막로 311 | mysterleebrewing.com

사우어 퐁당 Sour Pongdang

사우어 맥주 마니아들을 위한 곳

한국에서 가장 독특한 콘셉트를 갖고 있는 펍이다. 오직 '사우어 맥주'만 판매한다. 맥주 펍이라고 해서 페일 에일, IPA 등을 마시러 왔다면 당황할 것이다. 하지만 펍 매니저에게 도움을 요청해 차분하게 자신의 취향에 맞는 사우어 맥주를 골라보자. 맥주 마니아나 '맥주덕후'가 아니어도 괜찮다. 화이트 와인, 샴페인, 피노누아의 산미를 즐긴다면 사우어 퐁당의 맥주들도 충분히 소화할 수 있다. 실제로 사우어 퐁당은 맥주덕후들도 많이 찾지만, 와인 한 잔 하는 분위기에 이끌려 들어와 매료된 일반 손님들이 대다수다. 이곳에서 우아하게 사우어 맥주 한 잔을 음미하다 보면, 맥주도 분위기 있게 마실 수 있는 술이라는 것을 새삼 깨닫게 될 것이다. 치즈 플레이트 등이 있지만, 식사가 될 만한 안주는 없다. 그 대신 바로 앞에 있는 '더 부스' 가게에서 조각 피자를 구입·반입할 수 있다.

서울 용산구 녹사평대로 222-1, 2층

레드코티지

서울 '맥덕'들의 아지트

평일 저녁 시간, 레드코티지를 찾으면 일과를 마친 손님들이 홀로 바(Bar)에 앉아 직원과 담소를 나누며 맥주 한 잔을 즐기는 모습을 종종 볼 수 있다. 줄여서 '레코'라 불리는 이 펍은 지인과의 모임으로도 좋지만, 무엇보다 '맥덕'들이 자주 찾는 단골집이다. 단골 대부분이 '맥주 좀 마셔봤다' 하는 손님들이다. 레코가 맥덕의 아지트가 될 수 있었던 건 레코 최연우 사장 또한 깊은 내공을 자랑하는 '맥덕'이기 때문이다. 덕분에 레코에서는 합리적인 가격에 맛있는 맥주를 즐길 수 있다. 탭 종류는 3개뿐이지만, 다양한 보틀을 구비해 맥덕 손님들을 만족시킨다. 맥덕이 자주 찾는다고 해서 맥주초보에게 배타적인 분위기는 아니다. 맥주를 잘 아는 사장에게 궁금한 점들을 질문하면 풍부한 해설과 함께 친절한 설명을 들을 수 있다. 화장실이 매우 깨끗하고 편리하다는 점도 장점이다. 술자리 화장실에 특히 예민한 손님이라면 레코에서 편안하게 맥주를 마시는 것을 추천한다.

서울 용산구 대사관로 77, 2층 | facebook.com/theredcottagepub

탭퍼블릭

취향을 최우선으로 생각하는 탭하우스의 혁명

종류도 맛도 천차만별인 크래프트맥주를 고를 때, 입맛에 맞지 않는 맥주 한 잔을 시켜놓고 투덜거려본 적이 있을 것이다. 탭퍼블릭은 개인의 취향을 최우선으로 생각하는 펍이다. 펍에 들어서는 순간 60개의 탭이 벽면에 펼쳐져 있는 모습에 입을 다물지 못할 것이다. 더욱 놀라운 점은 맥주를 고르고 서빙을 하는 방식이다. 우선 입장하면 전자팔찌를 하나씩 찬다. 그리고 60개의 탭 중 맛보고 싶은 탭 앞에 가서 탭 위의 화면에 팔찌를 터치한다. 직접 탭에서 맥주를 따르면 100ml을 기준으로 가격이 매겨진다. 맛이 궁금한 맥주라면 100ml의 값만 지불하고 맥주를 맛보면 되는 것이다. 나갈 때 팔찌를 반납하면서 팔찌에 기록된 누적 금액을 한번에 계산한다. 마시고 싶은 만큼만 따라 마시기 때문에 부담이 없다. 널찍한 매장에 마련된 야외석, 다양한 안주도 매력적이다.

서울 용산구 이태원로 244 | tappublic.com

서울집시

한옥의 고즈넉한 분위기 속 이국적인 공간

최근 서울의 '핫 플레이스'로 떠오른 익선동 옆 권농동에 위치해 있다. 근처에 크래프트맥주를 파는 펍들이 있는데 이 가운데 가장 가볼 만한 펍이다. 핸드앤몰트 출신 양조사가 펍을 열었고, 컨트랙트 브루잉을 통해 자체 맥주를 내놓는다. 자체 맥주의 종류는 시즌별로 바뀐다. 지금까지 내놓은 세종, 뉴잉글랜드 IPA 스타일 모두 완성도가 높아 맥주덕후들의 열렬한 팬심을 얻고 있다. 한옥 건물 특유의 고즈넉하고 아늑한 분위기도 맥주 맛을 더해준다. 원목으로 된 넓은 바(Bar) 좌석이 인상적이다. 음식은 식사를 할 만한 요리는 팔지 않고, 간단한 안주 위주로 판다. 건물을 한옥이지만, 취급하는 음식은 태국식 닭튀김, 멕시코식 에피타이저 등으로 이국적이다. 음식은 저렴하고 정갈하지만 양이 적은 편이다.

서울 종로구 서순라길 107 | facebook.com/seoulgypsy

세르베자

스페인 명품 맥주를 가장 신선하게

세르베자는 '스페인 명품 맥주'로 잘 알려진 담(Damm) 양조장의 맥주를 서울에서 가장 신선하고 다양하게 맛볼 수 있는 곳이다. 한강 망원지구 바로 옆에 위치해 특히 봄, 여름, 가을 날씨를 느끼며 맥주를 즐기기에 좋다. 탭하우스는 건물의 2, 3층에 있는데 각각 분위기가 다르다. 2층이 캐주얼한 느낌이라면 3층은 데이트하기 좋은 조용하고 고급스러운 인테리어가 돋보인다. 맥주 맛은 두말할 필요도 없다. 맥주 보관에 '결벽증'이 있다고 봐도 무방한 사장이 세심하게 맥주를 살펴 서빙한다. 먼저 첫 잔으로 라거 맥주인 에스텔라 담을 들이키고, 이후 과일향이 폭발하는 윗 비어인 이네딧 담, 도수가 센 메르첸 비어 볼담 순으로 마시기를 추천한다.

서울 마포구 망원로 22

그 외 맥덕기자의 추천 펍

맥주에 관심이 많은 주인장이 여러 종류의 맥주를 구비해두어 다양한 맥주를 즐길 수 있다.

서울 서초구 효령로31길 21

슈퍼와 맥주 보틀숍을 함께 운영하는데 매장 안에서 안주도 주문해서 함께 즐길 수 있다. 육회와 맥주의 조화가 일품!

서울 강동구 진황도로27길 4

재래시장인 뚝도시장 안에 들어선 크래프트맥주 펍. 순대, 보쌈, 치킨, 홍어 등 시장 안 갖가지 먹거리를 매장 안으로 들어올 수 있는 것이 장점이다.

서울 성동구 성수동 뚝도시장

20여 종의 생맥주와 200여 종의 수입 병맥주를 즐길 수 있는 곳으로, 투박한 실내 분위기이지만 탭 라인업이 좋고 직원들이 친절하다.

서울 서대문구 연세로7길 14

홍대 근처의 생맥주가 맛있는 곳.

서울 마포구 잔다리로3안길 27

서울리스타

널찍하고 쾌적하며 세련된 실내 분위기와 다양한 안주들, 좋은 위치로 인근 직장인들과 외국인들의 발길을 붙잡는 곳. 버거의 가성비가 특히 좋다.

서울 중구 퇴계로 19

만리199

서울리스타에서 1차를 한 뒤 서울로를 걸어 만리동에 도착하면 만리199가 기다리고 있을 것이다. 조용한 만리동의 아담한 펍.

서울 중구 만리재로 199

알고탭하우스

맥주에 대한 애정이 상당한 주인이 '맥주를 알고 마시자'는 뜻을 담아 '알고탭하우스'라고 지었다. 저렴한 맥주와 안주, 뛰어난 맥주 퀄리티가 인상적인 펍.

서울 광진구 광나루로17길 10

더핸드앤몰트 탭룸

핸드앤몰트가 운영하는 탭하우스로, 핸드앤몰트의 맥주를 가장 신선하게 맛볼 수 있는 곳. 내자동 깊숙이 위치해 조용하며 한옥 콘셉트에 조명도 좋은 편이라 데이트하기 좋다.

서울 종로구 사직로12길 12-2

우리슈퍼

서울 크래프트맥주 보틀숍의 전설적인 곳으로 맥덕의 성지라고 불린다. 크래프트맥주가 알려질 무렵부터 다양한 외국 크래프트 병맥주를 판매해 맥덕의 발길을 모은 곳. 간단하게 맥주를 마실 노상 공간도 있다.

서울 용산구 녹사평대로54길 7

2

맥덕기자가 만난 맥주덕후

Mania

'맥주 대통령' 홍종학 장관

맥주 영웅이 된 홍종학 중소벤처기업부 장관

'맥주민주화'는 내가 꿈꾸는 것과 맥을 같이한다

2016년 겨울, 서울 성동구의 한 크래프트맥주 펍에 '홍종학 에일'이라는 맥주가 등장했습니다. '홍종학 에일'은 제19대 더불어민주당 국회의원을 지내고 중소벤처기업부 장관으로 있는 홍종학 장관에게 헌정하기 위해 특별히 빚어진 맥주인데요. 홍 장관도 제작과정에 참여해 그 의미를 더했습니다. 이날 런칭 행사에서 홍 장관은 직접 맥주 케그(Keg)에 탭핑(Tapping)을 해 시음을 하면서 자신의 이름을 딴 맥주의 탄생을 축하했습니다. 흔치 않은 광경이었습니다. 맥주 역사상 특정 정치인을 위한 맥주가 만들어진 것은 처음이니까요.

벨지안 라이 호피 사워 Belgian Rye Hoppy Sour

양조장 어메이징 브루잉 컴퍼니 성수, 한국	**ABV** 5.5%

이벤트로 한정판매한 '홍종학 에일'. 호밀을 사용하여 알싸한 맛을 내고, 젖산 발효를 통해 새콤한 맛을 낸 후 벨기에 효모로 발효한 IPA 스타일의 홉향이 가득한 맥주.

홍종학 장관은 한국 크래프트맥주 산업계에 종사하는 이들에게 '영웅'으로 통합니다. 답답했던 한국 맥주시장에 '주세법 개정안'을 발의하여, 사업의 판도를 뒤바꾸었기 때문입니다. 이 개정안의 골자는 대기업이 아닌, 소규모 맥주 양조장에서 만든 맥주의 외부 유통을 허가한다는 건데요. 이후 한국의 크래프트맥주 시장은 폭발적으로 성장하기 시작합니다. 기존 대기업 2~3곳에 불과했던 맥주양조업체는 시행된 지 5년도 채 되지 않아 100여 개로 증가했고, 이들이 다양한 스타일의 맥주를 양조하면서 대기업 라거 이외의 맥주를 마실 수 있는 맥줏집이 눈에 띄게 늘어났습니다. 그뿐만 아니라 법에 막혀 개최할 엄두도 내지 못했던 '맥주 축제'도 가능해졌지요. 치킨집에서 생맥주를 배달해주는 행위도 합법화되었습니다. 한국에서도 '맛있는 맥주'를 먹을 수 있는 최소한의 환경이 만들어진 것입니다. 이 모든 일을 가능하게 한 '맥주 대통령' 홍종학 장관을 성동구 뚝도시장의 한 펍에서 만났습니다.

Interview

'짱돌' 하나 던졌을 뿐인데?

Q. 원래 맥주를 좋아했나?

A. 1980~90년대 10년 동안 공부를 하느라 미국에 있었다. 지금은 미국이 전 세계 맥주 트렌드를 이끄는 나라가 됐지만 당시만 해도 크래프트맥주가 드물었다. 물론 2002년 한국에서 하우스맥주가 처음 생겼을 때 종종 마시러 갔을 정도로 맥주를 좋아하긴 했지만 맥주 자체에 대해 크게 관심은 없었던 것 같다. 주세법 개정안 발의를 하고 난 뒤 오히려 맥주 세계에 눈을 떴다.

Q. 주세법 개정안은 어떻게 발의하게 된 건가?

A. 2012년 대선이 끝났을 때쯤이었다. 우리 방(의원실) 비서가 이 문제에 대해 말을 꺼냈다. 처음에는 "경제민주화하러 국회에 왔는데, 지금 술 얘기 할 때인가" 싶어 반대했다. 그런데 이 친구(비서)가 군법무관으로 있을 때 국방부 불온서적에 대해 헌법소원했을 정도로 고집이 있는 사람이다. 주세법 개정안은 정말 해야 한다고 계속 주장했다. 내용을 살펴보니 말이 되더라. 더군다나 내가 독과점 전공 아닌가. 다만 술 관련된 것이어서 고민이 좀 됐는데, 결국 하기로 하고 세미나를 한번 열었다. 그런데 반응이 폭발적이었다. "이런 거 왜 이제야 하냐. 정치인이 이제 정신차렸다"라는 소리까지 나왔다.

Q. 맥주시장은 한국에서도 대기업 독과점이 가장 심한 영역이다. 반발이 많았을 텐데.

A. 처음에는 '주세' 문제를 꼬집었다. 지금 우리는 출고가로 세금을 매기는 '종가세'를 택하고 있는데, 대규모 시설로 원가를 줄일 수 있는 대기업에 유리한 제도다. 그러나 관련 부처인 기획재정부는 기존 시스템에 대한 문제의식이 전혀 없었다. 국정감사 때 기재부 장관 앞에서 "오비, 하이트에 붙는 세금이 병당 200원이라면 중소기업인 세븐브로이 맥주에 붙는 세금은 700원이다. 이게 말이 되냐"고 물었더니 기재부에서는 "말이 된다"고 우겼다. 알고 보니 카르텔이 형성돼 있더라. 국세청 퇴직자가 주류 유통을 다 장악하고 있었고, 딱 2곳뿐인 병뚜껑 납품 기업도 국세청 퇴직자들이 한 자리 하고 있고…. 기재부, 국세청, 대기업이 기득권을 누리는 현 시스템을 누구도 바꾸고 싶지 않아 했다.

일단 외부 유통 문제부터 해결하기로 했다. 내가 "대한민국은 맥주 축제가 안 되는 나라다. 이게 말이 되느냐"라고 주장하니 그건 먹혀 들어가더라. 사실 수많은 규제 중 외부 유통 장벽만 허물어진 것인데 소규모 양조업체가 일파만파로 생겨나고, 여기서 만들어진 크래프트맥주들을 모아 맥주 축제도 할 수 있게 되고, 카페에서 맥주를 판매할 수 있게 되는 등 큰 변화가 일어났다. 진입 장벽이 높아 대기업만 진출할 수 있었던 맥주 산업이 경쟁 시장으로 바뀐 것이다. '짱돌' 하나 던졌을 뿐인데 이렇게 변화를 불러일으킬지 나도 몰랐다.

‘맥주민주화’가 곧 창조경제다.

Q. 서민경제전문가다. 맥주와 경제민주화가 어떤 연관이 있나?

A. 현재 세계적으로 크래프트맥주 열풍이 불고 있다. 그런데 이 유행을 이끄는 나라가 전통적 맥주강국인 독일이 아닌 미국이다. 어떻게 이렇게 됐을까. 미국도 1970년대까지 대형 맥주회사가 맥주시장을 꽉 잡고 있었다. 하지만 1980년대부터 자가맥주(홈브루잉) 유통 및 판매에 대한 규제를 풀면서 소규모 양조장이 폭발적으로 증가했고, 당시 미국 전역에서 80여 개에 불과하던 맥주 양조장이 이제 4000개가 넘는다. 매년 300~400개의 크래프트맥주 양조장이 생기고 있다. 4000개 회사가 5종류씩 맥주를 만들어도 미국 소비자들은 2만 개의 맥주를 맛볼 수 있는 것이다. 이렇게 미국에서 시작된 크래프트맥주 열풍이 유럽과 아시아까지 퍼진 것이고 이제 세계 맥주시장은 완전히 미국으로 넘어갔다. 맥주 관련 새로운 일자리도 많이 생겼다. 중국 상하이에서도 크래프트맥주가 유행이다. 우리나라의 지나친 규제 때문에 중국에게 자칫 맥주 시장의 주도권을 넘겨줄 수도 있다. 이게 창조경제고, 블루오션이다.

Q. 맥주의 매력이 ‘다양성’이라고 생각하는 건가?

A. 당연하다. 맥주는 무제한 조합이 가능하기 때문에 가장 다채로운 맛을 낼 수 있는 술이다. 2000년 미국에 안식년을 갔다. 그때 슈퍼에 가서 사무엘 아담스 6병 번들을 사면 1주일이 행복했다. 6병이 각각 다른 스타일의 맥주였는데 매일 밤 오늘은 어떤 맥주를 먹을까 고르는 재미가 있었다. 저녁식사 메뉴가 스테이크면 여기에 어떤 맥주를 곁들이면 좋을까. 또 날씨가 우중충하면 무슨 맥주를 마셔볼까 하면서 말이다. 맥주 한 잔이 삶을 윤택하게 해준 것이다. 물론 와인도 다채로운 맛을 갖고 있는 술이지만 너무 비싸지 않나. 사무엘 아담스도 보스턴에서 소규모 맥주 브루어리로 시작해 3년 만에 미국 전역으로 퍼져 나갔고, 결국 세계적인 맥주회사로 성장했다. 이 회사는 현재 1년에 65종류의 맥주를 만들고 있다.

Q. 여전히 한국 맥주시장은 대기업에 유리한 규제가 많다.

A. 최종적으로는 맥주에 대한 주세를 낮추고, 크래프트맥주를 동네 슈퍼에서도 살 수 있도록 유통 규제를 더 허물어야 한다. 그런데 마지막까지 이 유통에 대해서는 규제를 풀려고 하지 않더라. 세율도 낮춰지지 않았고. 그래서 오히려 지금 대기업이 유통하는 수

입맥주가 이 시장을 장악하고 있는 것이 안타깝다. 지금처럼 가격에 대해 세금이 붙으면 수입맥주 같은 것은 탈세하기가 굉장히 쉽다. 양주 탈세 방법이 수입사를 따로 차려서 수입가를 낮추는 것 아니냐. 그럼 세금도 낮게 책정되니까. 물론 그 차익은 회사가 가져가고, 이에 대한 법인세도 물론 안 내는 것이고. 지금처럼 기득권에 유리한 제도가 고착화되면 다양성은 물론 해당 산업이 발전할 수 없다.

Q. 현실적으로 소비자들이 맛있는 맥주를 합리적인 가격에 쉽게 먹을 수 있는 날이 올까?

A. 물론 아직도 불필요한 규제가 많지만, 중요한 것은 이미 물꼬가 터졌고 이 흐름은 막을 수 없다는 것이다. 다음 정부가 누가 들어서든 주세율은 낮출 수밖에 없을 것이다. 크래프트맥주의 외부 유통을 얼마만큼 할 수 있느냐가 문제인데, 다만 이것은 위생 문제와도 연관이 있어 철저하게 준비를 할 필요가 있다. 식품위생 쪽으로는 아무래도 크래프트맥주가 대기업에 비해 취약하지 않나. 일단 맛있는 맥주에 대한 수요는 분명히 있고, 앞으로 계속 늘어날 것이다. 얼마나 빨리 성장하느냐가 관건이다.

이날 낮 12시에 시작한 홍 장관과의 인터뷰는 오후 2시 30분까지 계속됐습니다. 인터뷰가 점심시간에 진행되었기 때문에 필자는 홍 장관과 미국 크래프트맥주인 '시에라네바다 페일 에일'과 '올드라스 푸틴'을 순대와 함께 먹으며 이야기를 나눴습니다. 홍 장관은 흔쾌히 맥주 선택권을 필자에게 양보했는데, 문득 '시에라네바다 페일 에일'이 어울리겠다는 생각이 들었습니다. 시에라네마다 페일 에일은 미국에서 가장 많이 팔리는 크래프트맥주 중 하나인데요. 이 맥주 한 병으로 미국에 크래프트맥주 열풍이 시작됐다고 해도 과언이 아닐 정도로 의미가 깊은 맥주입니다. 홍 장관의 '주류법 개정안'이 없었다면 한국의 크래프트맥주 산업은 이렇게 성장하지 못했을 테지요. '최순실 맥주'로 잘 알려진 올드라스 푸틴은 시국을 반영해 고른 것이고요.

개인적으로 독일식 정통 맥주와 사우어 맥주를 좋아한다는 홍 장관은 "맥주를 마시다 보니 내가 '신맛'을 좋아한다는 것을 알았고, 신맛이 나는 사우어(Sour) 맥주가 내 취향에 맞는다는 것을 깨달았다"며 "맥주는 나를 찾아가는 과정인 것 같다"며 웃었습니다. 기자가 "웬만한 맥주 마니아보다 맥주 지식이 해박한 것 같다"고 하자 홍 장관은 "맥주를 통한 경제민주화는 관심이 있는데 맥주는 그렇게 잘 알지 못한다. 아직 공부 중이다"라며 손사래 치더군요.

'맥주 대통령'으로 알려져 있지만 사실 홍 장관은 맥주뿐만 아니라 역시 대기업이 독점하고 있는 면세점에 대한 문제의식을 가지고 두 차례에 걸쳐 관세법 개정안을 발의하는 등 대기업 위주의 독과점 폐해를 꾸준히 지적해왔습니다. 너무 맥주 쪽으로만 이미지가 굳혀진 것이 부담스럽지 않느냐고 물었더니 그는 "처음에는 그랬었는데, 결국 '맥주민주화'도 내가 추구하는 경제민주화, 중산층·서민 경제 활성화의 한 부분이라는 생각이 들어 괜찮다"고 덤덤하게 말했습니다. 홍 장관이 꿈꾸는 세상이 현실이 되었으면 좋겠다는 생각이 들었습니다.

인생맥주를 만난 사람들

이집트에서 만난 잊을 수 없는 맥주 한 잔

2009년 7월 이집트에서 있었던 일입니다. 당시 대학생이었던 필자는 한여름 평균 기온이 40도를 훌쩍 넘는 이집트로 배낭여행을 떠났습니다. 주변에선 지금 가면 몸이 녹아내릴 것이라며 말렸지만 이미 피라미드에 홀려 날씨가 무슨 대수인가 싶었습니다. 그러나 첫날 카이로 타흐리드 광장 근처에서 식당을 찾기 위해 길을 헤매는데 "피라미드고 뭐고 에어컨 빵빵하게 나오는 숙소에 들어가 컵라면이나 먹고 싶다"는 생각이 들더군요. 결국 이튿날 피라미드를 보러 갔다가 더위를 먹고 사흘을 앓아누운 뒤에야 제대로 된 여행을 할 수 있었습니다.

더위에 서서히 적응을 해가던 어느 날, 사막에서 야영을 하고 다시 카이로로 돌아오는 버스에서 또 다시 생명의 위협을 느꼈습니다. 하필 에어컨이 고장 난 버스였던 것입니다. 심지어 창문까지 열지 못하게 해놨더군요. 터미널 근처에서 산 얼음물이 10분도 안 돼 녹아버릴 정도로 숨 막히는 열기 속에서 장장 7시간을 버텨야 했습니다. 점점 시야가 흐려지고, 옆사람의 말도 들리지 않았습니다. "이러다 죽는구나" 싶을 때쯤 버스는 목적지에 도착했습니다.

내리자마자 차가운 캔맥주 500ml를 벌컥벌컥 들이켰던 기억이 납니다. '스텔라'(Stella)라는 이집트의 평범한 페일 라거였습니다. 분명 다 죽어가는 상태였는데 신기하게도 맥주를 마시고 나니 눈이 번쩍 뜨이면서 엄청난 에너지가 샘솟더군요. 이후 필자에게 이 맥주는 '생명수(水)'가 되었고, 지칠 때마다 그때 달콤했던 목넘김을 떠올리며 입맛을 다시곤 합니다.

당신의 '인생맥주'는 무엇입니까?

누구에게나 잊을 수 없는 '맥주 한 잔'이 있습니다. 그 맥주가 꼭 쉽게 구할 수 없는 귀한 맥주 또는 선뜻 사지 못하는 비싼 맥주거나, 각종 상을 휩쓴 뛰어난 퀄리티의 맥주일 필요는 없습니다. 개인이 처한 상황이나 기분, 컨디션에 따라 달라지는 것이 맥주 맛이고, 맥주를 포함한 모든 술의 매력도 여기 있는 것일 테니까요. 삶이 고단할 때, 맥주 한 잔으로 위로를 받아본 적이 있나? 가장 맛있게 마신 한 잔, 아직도 잊지 못하는 최고의 맥주가 있다면 무엇인가요? 여기 '한 잔'의 맥주로 인생이 뒤바뀐 사람들이 있습니다. 당신의 '인생맥주'는 무엇입니까?

IPA 한 잔 때문에 '와인 소믈리에'에서 '맥주 양조사'로 변신한 조현두 전 굿맨브루어리 이사

"와인 공부를 하려고 영국 런던에 갔어요. 우연히 IPA 맥주를 마셨습니다. 그 이후 인생이 바뀌었죠."

2017년까지 굿맨브루어리에서 헤드브루어로 일한 조현두 씨는 한때 촉망받는 '와인 유망주'였습니다. 군 제대 후 한국과 일본에서 일식 셰프로 활동하던 그는 프랑스에서 국제 호스피탈리티 매니지먼트를 공부하던 중 와인의 매력에 빠져 프로방스 지방의 한 호텔에서 소믈리에로 일했다고 합니다. 와인 전문가의 최고 영예인 '마스터 오브 와인' 자격증을 따기 위해 그는 2012년 런던 유학 생활을 시작했습니다. "막 크래프트맥주가 알려지기 시작한 무렵이었죠. 와인 테이스팅하는 곳 근처에 맥주 양조장이 생겼더라고요. 호기심에 들어가봤습니다."

이날 IPA를 마신 뒤 그는 깜짝 놀랐습니다. 맥주도 와인처럼 다채로운 맛을 낼 수 있다는 것을 처음 깨달았기 때문입니다. 충격을 받은 그는 10년 가까이 몰입한 와인 공부를 멈추고 토트넘 지역의 크래프트맥주 양조장인 리뎀션 브루어리에 찾아가 한 달간 자원봉사를 할 수 있게 해달라고 부탁했습니다. 지금껏 수백 가지의 와인을 테이스팅하고 일일이 기록했던 그의 '와인 내공'은 맥주에서도 통했습니다. "홉(Hop)이나 맥아도 지역과 기후에 따라 각기 다른 특성과 맛을 내는데, 포도 품종이 그렇잖아요. 와인 공부한 경험을 살려 양조사들 레시피 짜는 거나 라인업 바꾸는 걸 도와줬죠. 한 달 뒤 사장이 정식으로 일해보겠냐 묻더라고요."

이후 조 이사는 자연스레 맥주로 진로를 변경하게 됩니다. 오랜 세월 열정을 쏟아부은 와인을 접은 것에 대해 아쉽지 않냐고 묻자 그는 "영국에서 맥주를 접하면서 와인에서 느꼈던 깊은 풍미를 맥주에서 구현할 수 있을 거라는 확신이 들었다"며 "와인은 날씨, 토양 등 자연의 영향을 훨씬 많이 받는 술인데, 맥주는 와인보다는 사람이 할 수 있는 범위가 넓어 셰프 출신인 내게는 더 매력적인 것 같다"고 말했습니다. "그때 양조장 가서 IPA를 마시지 않았다면 아마 저는 지금쯤 영국에 남아 계속 와인 공부를 하고 있겠죠. 후회한 적은 없어요. 맥주에 어떻게 와인을 접목시킬까 떠올리기만 해도 심장이 두근두근거리거든요."

행운의 바이젠 한 잔, 백우현 전 OB맥주 전무

"헤페바이젠 한 모금을 마셨던 그날을 잊지 못합니다."

1994년 당시 OB맥주 10년차 양조사였던 백우현 전 전무는 세계 최고의 맥주 명문인 독일 뮌헨대학교 양조공학과로 '맥주 연수'를 떠났습니다. 지금은 한국이 전 세계 크래프트 맥주 시장에서 가장 트렌디한 아시아 국가로 손꼽히지만 불과 4~5년 전만 해도 한국은 하이트, 카스, 버드와이저 등 '페일 라거' 스타일의 맥주가 시장을 장악했던 맥주 불모지

였죠. 그러니 1994년에는 어땠겠습니까. 백 전 전무는 이미 '라거' 맥주 전문가였지만 독일 연수 시절 바이에른 지방 전통 맥주인 바이젠(밀맥주)을 처음 마시고 '뭐 이런 막걸리 같은 술이 다 있나'라고 생각했다고 합니다.

"학교 근처에 큰 펍이 있었어요. 헤페바이젠을 한 모금 마셨는데 바디감이 묵직한 게 입안을 가득 메우면서 효모의 달콤한 향이 올라오는데 정말 맛있더라고요. 아직도 그날을 잊지 못합니다."

이후 바이젠 맛에 빠져버린 그는 '양조사'답게 홈브루잉으로 바이젠을 만들어 마시기 시작했습니다. 이듬해 백 전 전무는 대학에서 주최하는 바이젠 만들기 대회에서 1등을 거머쥐는 쾌거까지 이루게 됩니다. 맥주불모지에서 온, 바이젠을 이제 막 알게 된 동양인이 맥주 명문대생들을 모두 제치고 최고의 바이젠을 만든 것입니다.

"같은 과 학생들이 깜짝 놀라더라고요. 그땐 유럽에서 한국인을 보면 북한 사람이냐, 남한 사람이냐고 물어봤을 때였거든요."

백 전 전무는 23년 전 그 바이젠 한 잔을 '행운의 맥주'라고 말합니다. 그는 "바이젠 맛을 알게 된 후 모든 일이 술술 잘 풀렸다"며 "연수 마치고 한국에 돌아왔는데 진급도 잘 되고, 엔지니어로서는 최고의 자리인 전무까지 올랐다"며 호탕하게 웃었었습니다. 그래서인지 백 전 전무는 은퇴한 지금도 여전히 집에서 바이젠을 만들어 먹을 정도로 '바이젠 사랑'이 뜨겁습니다.

"얼마 전에 400만 원짜리 고급 홈브루잉 기계를 샀어요. 옛날 생각이 나서 뮌헨대에서 1등한 레시피로 바이젠을 만들어봤는데, 이상하게 그 맛이 안 나더라고요. 그땐 밥통으로 만들었는데… 아직도 그 시절 손맛이 그립습니다."

한국 크래프트맥주의 산실 펍 사계

펍, 사계를 아십니까

좋아하는 펍이 있으십니까? 가장 자주 가는 펍은요? 맥주를 좋아한다면 펍은 단순히 맥주 마시러 가는 곳 이상의 의미를 지닐 겁니다. 피곤한 날, 심심한 날, 단골 펍의 바(Bar) 석에 앉아 펍 매니저와 담소를 나누며 맥주 한 잔 하면 스트레스가 풀리곤 합니다. 때로는 친한 친구에게도 하지 못하는 속마음을 꺼내놓기도 하고, 요즘 유행하는 맥주 스타일에 대해 토론을 하기도 하면서요. 그러다보면 펍이 마치 집처럼 따뜻하게 느껴지는 순간이 있습니다. 맛있는 맥주와 좋은 사람들이 가득한 공간, 모두가 꿈꾸는 이상적인 펍의 모습이지요.

한 펍이 있었습니다. 서울 용산구 이태원동의 해밀턴호텔 삼거리 인근, 좁은 골목길 건물 지하에 있는 '사계'(Four Season)라는 펍입니다. 주방 공간이 협소해 레스토랑과 견줄 만한 음식 메뉴도 갖추지 못했고 눈에 띄는 위치도 아니었습니다. 20평 남짓한 공간에 바석엔 5명 겨우 앉을 수 있는 크지 않은 공간이었고요. 그러나 한국에서 맥주를 좋아하는 이들에게 가장 고향 같고 편안하며 의미 있는 펍이 어디냐고 묻는다면 종종 이 펍의 이름을 들을 수 있을 겁니다.

이 펍이 왜 특별하냐고요? 바로 한국 크래프트맥주의 산실이기 때문입니다. 사계는 홈브루잉을 즐기던 '맥덕' 5명이 모여 스스로 마시고 싶은 맥주를 실컷 마시기 위해 2013년 11월 문을 열었습니다. 이곳에서 이들은 '크래프트 정신'을 발휘하여 결국 '덕업일치'를 이뤘는데요. 당시 한국에 알려지지 않은 새롭고 다양한 스타일의 맥주 레시피를 구상해 위탁양조(주문자가 직접 짠 맥주 레시피를 다른 양조장에서 생산하는 것)하는 방식으로 손님에게 크래프트맥주를 소개하고 저변을 넓히는 역할을 했습니다. 현재 거의 모든 한국 크래프트맥주 양조장이 만들고 있는 '세종' 스타일의 맥주를 처음 양조해 판매했던 곳도 사계였습니다.

한국에서 크래프트맥주가 본격적으로 날개를 단 시점이 주세법 개정안이 시행된 2014년 4월 이후이니, 초창기 '맥주덕후'들이 사계를 얼마나 좋아했겠습니까. 사계의 한 단골은 "장안에서 맥주 좀 마신다는 사람들은 사계의 바(bar)에 앉아 크래프트맥주를 논했는데, 당시 스스로 맥주 내공이 부족하다고 느껴 테이블에서 조용히 맥주를 마시다가 맥주 공부를 열심히 한 뒤 당당하게 바에 앉았던 기억이 난다"고 회상했습니다. 사계 직원들도 '맥주를 사랑해서, 맥주를 더 알고 싶어서' 일하러 온 친구들이었지요. 사계를 거쳐 간 직원 20여 명 가운데 무려 절반 이상이 맥주업계에 남아 양조사, 수입업자, 펍 매니저, 홈브루잉 심사위원 등으로 활약 중입니다. 사계가 한국크래프트맥주의 사관학교라고 불릴 정도입니다.

실컷 펍을 소개해놓고 아쉬운 소식부터 들려드리자면 이 펍은 2017년 가을 문을 닫았습니다. 펍 운영을 맡은 이인호 씨는 "월세가 매년 법정 최대 인상치인 9%씩 올라가는데, 복리로 오르니 도저히 월세를 감당할 수 없었다"고 털어놓았습니다. 사계가 영업을 했던 지난 몇 년 동안 한국 크래프트맥주 시장에는 많은 변화가 있었습니다. 한 자릿수였던 전국의 맥주 양조장은 100여 개로 늘어났고요. 이젠 어디서든 수제맥주 간판을 흔히 볼 수 있으며 마트에서도 다양한 스타일의 맥주를 구입할 수 있게 되었지요. 한국 크래프트맥주는 분명 성장했는데, 이 성장을 최전선에서 이끈 공간이 사라진다는 것은 참 아이러니한 일입니다.

그런데 재미있는 일이 벌어졌습니다. 사계가 페이스북을 통해 "재고를 다 소진하면 문을 닫겠다"고 알리자마자 손님들이 몰려와 3일 만에 맥주를 동낸 것도 모자라 사계의 영업이 완전히 종료된 이후에도 이곳에서 두 번이나 사계에 헌정하는 크래프트맥주 팝업스토어(임시 매장)가 열린 것입니다. 먼저 외국 크래프트맥주 수입업체를 운영하는 정혁준 준트레이딩 대표가 이곳에서 1주일 동안 자사 수입맥주를 파격적인 가격으로 팔더니, 바통을 이어받아 당시 충남 아산의 '브루어리304'의 민성준 양조사(현 브루독코리아 양조사)가 닫혀 있던 사계의 '관 뚜껑'을 또다시 열었습니다. 이들의 공통점은 대학생 때 사계에서 일을 하면서 맥주의 세계에 눈을 떴고, 졸업 이후 맥주를 업(業)으로 삼았다는 것입니다.

정혁준 대표·민성준 양조사

"사계는 '맥덕'들의 첫사랑입니다"

2017년 9월 8일, 사계에서 열린 '브루어리304 팝업스토어'에서 만난 정혁준 대표(사진 오른쪽)는 "사계가 없어진다는 소식을 접하고 며칠 동안 펑펑 울었다"며 "나를 맥주의 세계로 이끈 첫사랑 같은 존재인 사계와 이별하는 시간이 필요해 처음 팝업스토어를 열게 됐다"고 말했습니다. "사계는 저뿐만 아니라 맥주 좋아하는 사람들에게 영원히 없어지지 않을 안식처 같은 곳이었어요. 사계의 '알바생'이 아니라 외국 크래프트맥주를 소개하는 '업자'가 되어 다시 사계에 돌아왔는데, 곧 없어질 것이라고 생각하니 복잡한 감정이 들더군요."

정 대표에게 사계는 '나를 찾아준 곳'입니다. 미국에서 대학을 다닌 친구의 영향으로, 크래프트맥주의 맛에 눈뜬 그는 맥주를 좀 더 깊이 알기 위해 2014년 여름, 사계의 아르바이트 자리에 지원했습니다. 맥주를 사랑하는 정 대표에게 사계는 늘 즐거운 일터였습니다. "하루는 국내에 들어오지 않는 귀한 맥주를 손님들과 나눠 먹으려고 가져갔는데, 이 맥주를 마시기 위해 바(bar)를 중심으로 순식간에 두 줄이 만들어지더라고요. 인원이 많아 한 모금씩 마셨지만, 내가 가져온 맥주로 사람들이 행복해하는 모습을 통해 제가 행복해진다는 것을 느꼈죠." 그가 졸업하고 '맥주 수입업'을 하기로 결심한 이유입니다.
정 대표와 달리 민성준 양조사(사진 왼쪽)는 사계에서 '맥주 양조'에 눈을 떴습니다. 그는 "사계에서 일하는 8개월 동안 맥주만 500종을 마셨다"며 "이 가운데 400종 이상의 시음기를 적으면서 맥주에 들어가는 재료와 맛에 대해 연구했다"고 진지하게 말했습니다. "맥주 좀 안다는 사람들은 한국에 들어오지 않는 희귀한 맥주를 가지고 사계로 몰려왔어요. 외국인, 유학생들도 많았죠. 덕분에 다양한 맥주를 마실 수 있었는데, 양조를 하지 않으니까 맛을 느끼는 데 한계가 오더라고요. 손님들이 맥주에 들어간 재료를 날카롭게 맞추고, 맛을 표현하는 모습을 보고 부럽기도 했고요." 그는 사계 공동대표 가운데 한 명인 김만제 씨(현 어메이징 브루잉 컴퍼니 교육이사)에게 홈브루잉을 배우고 본격적으로 양조를 시작했습니다.

이후 양조의 매력에 흠뻑 빠진 민성준 씨에게 사계 손님들은 훌륭한 조언자였습니다. "제가 만든 맥주를 손님들에게 나눠주면, 피드백이 왔어요. 다들 맥주를 엄청나게 좋아하고, 많이 아는 분들이다 보니 제게 정말 필요한 조언이었죠. 덕분에 맥주를 더 열심히 만들 수 있었습니다." 그는 어느새 맥주를 본질적으로 이해할 수 있는 '브루마스터'(책임양조사)를 꿈꾸게 됐습니다. 사계를 관두고 양조에 더욱 매진한 그는 2016년 3월 문을 연 '브루어리304'에 양조사로 합류, 서울와 아산을 오가며 맥주를 만들다 2018년 브루독 코리아로 둥지를 옮겼습니다.
이날 정혁준 대표와 민성준 양조사는 "사계가 사라진다는 것이 실감이 잘 나지 않는다"며 "한 달 뒤, 두 달 뒤에 와도 여전히 있을 것만 같다"고 서운해했는데요. 이들뿐만 아니라 행사 기간 내내 수백 명의 손님들이 사계에 찾아와 이 특별한 펍의 마지막을 함께했습니다. 민성준 양조사는 "행사를 위해 맥주를 정말 많이 준비했다고 생각했는데 맥주가 너무 일찍 떨어져 다른 맥주를 주문했다"고 웃으며 투덜거리더군요. 그만큼 사계와 작별하기 싫어하는 이들이 많다는 얘기겠습니다.

사계, '크래프트'스러운 이별

그저 맥주가 좋아서, 원하는 맥주를 실컷 만들고 마시기 위해 만들어진 이 펍에 지난 3년 반 동안 수많은 사람들이 다녀갔습니다. 이미 맥주에 푹 빠진 단골손님들도 있었지만, 사계에서 처음 맥주 맛에 눈떠 맥주를 사랑하게 된 이들도 많았죠. 이들이 뿜어낸 맥주에 대한 뜨거운 열정은 공간을 가득 메워 밖으로 퍼져 나갔고, 덕분에 '맥주 불모지'였던 한국에도 다채로운 맥주 맛의 매력을 알아가는 사람들이 크게 늘어났습니다. 어쩌면 사계는 크래프트맥주와 사람들 사이에 다리를 놓아주는 제 역할을 다 한 뒤 사라진 것인지도 모르겠습니다.
좋은 맥주는 사람들을 모이게 합니다. 영업이 종료된 사계의 문이 두 번이나 다시 열릴 수 있었던 것도 사계가 크래프트맥주를 가장 순수하게 팔았던 펍이었기 때문일 겁니다. 비록 사계는 사라졌지만, 이곳에서 생성된 엄청난 에너지는 앞으로도 한국 크래프트맥주 발전의 자양분이 될 것입니다.

"사계, 굿바이(Good bye)!"

"사계, 꼭 다시 살리겠다"는 이인호 대표

"많이 아쉽죠. 하지만 이렇게 사랑받는 펍을 운영했다는 사실이 새삼 느껴져서 뿌듯하기도 합니다."

이인호 대표는 "비록 사계는 문을 닫았지만, 언젠가는 다른 장소에서 사계를 꼭 다시 열고 싶다"며 아쉬움을 드러냈습니다. 이 대표는 한국에서 크래프트맥주 붐이 일어나기 전인 2012년, '비어포럼'이라는 홈페이지를 만들어 회원들을 대상으로 각종 시음회와 강연을 진행해온 대표적인 크래프트맥주 1세대 인물입니다. 사계는 이 대표를 포함, 비어포럼 운영자 5명이 의기투합해 "크래프트맥주를 제대로 다뤄보자"며 문을 연 공간입니다. 당시 크래프트맥주라는 개념은 홈브루잉 동호회 사이에서만 알려져 있었고, 이를 상업적으로 파는 펍은 이태원 소재 외국인이 운영하는 1~2곳에 불과했습니다.

"새로운 맥주에 대한 수요가 폭발 직전인 시기였어요. 각종 수입 크래프트맥주 시음회도 비어포럼이 개최했는데, 시음회 공지

글을 올리면 3분 만에 매진될 정도였으니까요." 시음회가 잦아지고, 크래프트맥주 관련 세미나도 활발해지자 비어포럼 운영자 5인은 공간의 필요성이 절실해졌습니다. "워낙 맥주를 좋아하는 사람들이어서 우리가 직접 펍을 열어서 맥주도 실컷 마시고, 크래프트맥주 알리는 일도 마음껏 해보자는 심산이었죠."

설립자 5인 모두 본업이 있었기 때문에 사계로 딱히 돈을 벌 생각은 없었습니다. "우리도 좋아하는 일 하면서 손해만 보지 말자는 생각으로 즐겁게 맥주를 만들었어요. 그런데 뜻밖에 장사가 정말 잘됐죠." 그의 말대로 한때 사계는 이태원에서 크래프트맥주를 마신다면 누구나 1순위로 꼽는 핫플레이스였습니다. 이 대표도 다니던 온라인 교육 회사를 관두고 본격적으로 맥주의 길로 접어들었습니다.
"위탁양조의 한계 때문인지 가끔 마음에 들지 않는 맥주도 나왔지만, 다양한 맥주 스타일을 손님들에게 소개해주기 위해 최선을 다했습니다." 실제로 사계에 가면 세종, 스카티시 에일, 마이복, 코코넛 포터, 싱글홉 IPA 등 일반 양조장이 시도하지 못하는 실험적인 맥주들을 맛볼 수 있었습니다. 사계는 이 부분에서 독보적이었습니다. 돈 냄새가 나지 않는 펍이었지요."

그러나 2015년 메르스 사태 이후 매출이 줄기 시작했습니다. 동시에 크래프트맥주가 인기를 얻으면서 이태원이 아닌 서울 각 지역의 동네 상권에도 크래프트펍이 생겨 손님이 분산됐습니다. 이후 사계는 다시 일어서지 못했습니다. 실험적인 맥주와 과감한 수입 맥주 라인업은 맥덕들의 열렬한 지지를 받았지만 대중적으로 손님을 끌어오지는 못했습니다. 수익은 예전 같지 않은데 하필 월세는 법정 최고치로 매년 인상됐고요. 차츰 손해를 보면서 펍을 운영하게 됐고, 결국 폐업이라는 뼈아픈 결정을 해야 했습니다.
"사실 돈 빼고 다 얻은 가게예요. 마감하고 문 닫은 뒤 안에서 단골들과 홈브루잉한 맥주, 미수입 맥주를 나눠 마시며 밤새 음악을 듣고 맥주 이야기를 했어요. 당시 손님들과 친구가 되어 잘 지내고 있고요. 자부심과 사람을 얻은 소중한 펍이었습니다. 이렇게 사랑을 받는 펍이 또 나올 수 있을까 싶어요."
이 대표는 "사계 운영 이후 정말 좋아하는 일을 제대로 하려면, 돈을 벌어야 한다는 사실을 깨달았다"며 최근 새로운 출발을 했습니다. 얼마 전 '미스터리 양조장'이라는 브루펍(매장에서 맥주를 만들어 음식과 함께 판매하는 펍)을 개업한 그는 "미스터리 양조장은 맥주덕후들과 맥주를 잘 모르는 사람들 모두를 만족시킬 수 있는 곳으로 만들고 싶다"며 "사계를 시작할 때만 해도, 사업은 잘 모르고 맥주만 좋아했는데 이제는 조금 (운영에 대해) 알 것 같다"고 자신 있게 말했습니다.

"물론 장사가 잘 되어야 하겠지만 저는 양조장을 대규모로 하고 싶지는 않아요. 일이 많아지면 좋아하는 맥주를 못 마시니까요(웃음). 하지만 제가 만든 맥주를 언젠가 크래프트 맥주의 본고장인 미국에서 평가받아 보고 싶은 꿈은 있습니다. 그때까지 열심히 달려봐야죠."

참고문헌

1. The Beer Bible by Jeff Alworth
2. The United States Of Craft Beer: A Guide to the Best Craft Breweries Across AmericaApr by Jess Lebow
3. The Oxford Companion to Beer by Garrett Oliver and Tom Colicchio
4. The Comic Book Story of Beer: The World's Favorite Beverage from 7000 BC to Today's Craft Brewing Revolution by Jonathan Hennessey and Mike Smith
5. Beer Pairing: The Essential Guide from the Pairing Pros by Julia Herz and Gwen Conley
6. 맥주 스타일 사전 / 영진닷컴 / 김만제 저
7. 크래프트 비어 북 : 미국 크래프트 맥주의 역사부터 문화까지 크래프트 맥주에 관한 모든 것 / 숨 / 김선운 저
8. 맥주 상식사전 / 길벗 / 멜리사 콜 저
9. 유럽 맥주 견문록 / 즐거운상상 / 이기중 저
10. 착한 맥주의 위대한 성공, 기네스 / 브레인스토어 / 스티븐 맨스필드 저
11. 대한민국 수제맥주 가이드북 / 비어포스트

"맥주는 신이 우리를 사랑하고
우리가 행복하기를 바란다는 증거다."

_벤저민 프랭클린

맥주
나를위한
지식플러스